# Rechenbuch für Vorschulen.

In drei Heften

herausgegeben

von

**J. Augsburger,**

Lehrer am Königl. Luisen-Gymnasium zu Berlin.

## Heft III.

Mündliche und schriftliche Übungen im unbegrenzten Zahlenraum.
Resolvieren und Reduzieren.

**Vierte Auflage.**

Berlin, 1898.
Druck und Verlag von Georg Reimer.

**Preis 50 Pf.**

# Rechenbuch für Vorschulen.

In drei Heften

herausgegeben

von

**J. Augsburger,**
Lehrer am Königl. Luisen-Gymnasium zu Berlin.

## Heft III.

Mündliche und schriftliche Übungen im unbegrenzten Zahlenraum.
Resolvieren und Reduzieren.

**Vierte Auflage.**

Berlin, 1898.
Druck und Verlag von Georg Reimer.

# Der Zahlenkreis von 1 bis 1000 und der unbegrenzte Zahlenkreis.

## Aufgaben für das mündliche Rechnen.

### I. Addition und Subtraktion.

### 1. Stufe.

#### Addition.

Beispiele:

| | 1) | 2) |
|---|---|---|
| Aufgabe: | 308 + 405 = ? | 503 + 206 = ? |
| Lösung: | 308 + 400 = 708 | 503 + 200 = 703 |
| | 708 + 5 = 713 | 703 + 60 = 763 |
| folglich: | 308 + 405 = 713 | 503 + 260 = 763 |

| 1. | 2. | 3. | 4. |
|---|---|---|---|
| 108 + 106 = | 105 + 305 = | 107 + 209 = | 308 + 206 = |
| 104 + 109 = | 704 + 209 = | 206 + 708 = | 105 + 109 = |
| 203 + 107 = | 307 + 204 = | 509 + 304 = | 207 + 504 = |
| 209 + 208 = | 509 + 206 = | 304 + 207 = | 606 + 107 = |
| 305 + 607 = | 806 + 107 = | 607 + 109 = | 307 + 405 = |
| 406 + 205 = | 109 + 604 = | 208 + 506 = | 703 + 109 = |
| 507 + 403 = | 608 + 206 = | 404 + 208 = | 209 + 707 = |
| 208 + 309 = | 207 + 404 = | 601 + 109 = | 106 + 608 = |
| 804 + 108 = | 405 + 507 = | 302 + 508 = | 808 + 105 = |
| 609 + 307 = | 506 + 209 = | 706 + 106 = | 309 + 407 = |

| 5. | 6. | 7. | 8. |
|---|---|---|---|
| 206 + 130 = | 607 + 360 = | 150 + 206 = | 301 + 460 = |
| 405 + 260 = | 306 + 110 = | 230 + 304 = | 270 + 304 = |
| 307 + 630 = | 704 + 270 = | 170 + 403 = | 505 + 170 = |
| 501 + 290 = | 108 + 340 = | 720 + 107 = | 340 + 206 = |
| 708 + 140 = | 507 + 230 = | 440 + 205 = | 502 + 320 = |
| 609 + 250 = | 209 + 480 = | 360 + 501 = | 190 + 309 = |
| 207 + 320 = | 803 + 110 = | 240 + 608 = | 203 + 540 = |
| 308 + 240 = | 408 + 480 = | 890 + 109 = | 740 + 104 = |
| 604 + 190 = | 304 + 370 = | 560 + 204 = | 307 + 260 = |
| 505 + 210 = | 605 + 150 = | 730 + 202 = | 820 + 108 = |

Beispiel:

340 + 250 = ?

340 + 200 = 540
540 + 50 = 590

340 + 250 = 590

| 1. | 2. | 3. | 4. |
|---|---|---|---|
| 160 + 130 = | 230 + 420 = | 170 + 310 = | 350 + 230 = |
| 150 + 120 = | 240 + 130 = | 240 + 530 = | 680 + 110 = |
| 130 + 150 = | 130 + 610 = | 410 + 270 = | 530 + 260 = |
| 210 + 170 = | 570 + 220 = | 340 + 320 = | 320 + 340 = |
| 250 + 230 = | 340 + 440 = | 630 + 110 = | 170 + 220 = |
| 310 + 450 = | 610 + 170 = | 210 + 360 = | 450 + 330 = |
| 670 + 220 = | 460 + 230 = | 560 + 430 = | 640 + 150 = |
| 480 + 510 = | 220 + 460 = | 430 + 310 = | 220 + 670 = |
| 240 + 350 = | 560 + 210 = | 650 + 220 = | 830 + 140 = |
| 520 + 130 = | 260 + 320 = | 540 + 330 = | 120 + 360 = |

## Subtraktion.

Beispiel:

817 — 308 = ?

817 — 300 = 517
517 — 8 = 509

817 — 308 = 509

| 5. | 6. | 7. | 8. |
|---|---|---|---|
| 416 — 209 = | 749 — 409 = | 312 — 107 = | 615 — 209 = |
| 815 — 407 = | 874 — 504 = | 738 — 408 = | 257 — 107 = |
| 712 — 208 = | 228 — 108 = | 811 — 404 = | 911 — 604 = |
| 917 — 609 = | 573 — 203 = | 673 — 303 = | 329 — 109 = |
| 211 — 104 = | 319 — 109 = | 316 — 207 = | 613 — 207 = |
| 314 — 206 = | 483 — 203 = | 983 — 603 = | 776 — 406 = |
| 513 — 105 = | 666 — 406 = | 512 — 305 = | 518 — 309 = |
| 415 — 309 = | 947 — 707 = | 448 — 308 = | 844 — 604 = |
| 912 — 707 = | 556 — 306 = | 216 — 107 = | 217 — 108 = |
| 614 — 308 = | 279 — 109 = | 823 — 603 = | 954 — 704 = |

Beispiel:

780 — 350 = ?

780 — 300 = 480
480 — 50 = 430

780 — 350 = 430

| 1. | 2. | 3. | 4. |
|---|---|---|---|
| 250 — 130 = | 590 — 260 = | 380 — 240 = | 950 — 420 = |
| 370 — 160 = | 760 — 620 = | 990 — 810 = | 760 — 310 = |
| 860 — 420 = | 280 — 130 = | 460 — 240 = | 340 — 110 = |
| 540 — 210 = | 950 — 740 = | 780 — 450 = | 680 — 560 = |
| 660 — 330 = | 430 — 210 = | 270 — 160 = | 290 — 120 = |
| 790 — 560 = | 870 — 550 = | 530 — 210 = | 960 — 640 = |
| 480 — 230 = | 450 — 220 = | 890 — 660 = | 590 — 380 = |
| 850 — 720 = | 680 — 370 = | 470 — 140 = | 640 — 220 = |
| 390 — 270 = | 960 — 450 = | 980 — 630 = | 770 — 460 = |
| 640 — 410 = | 350 — 140 = | 730 — 410 = | 930 — 610 = |

## 2. Stufe.

### Addition.

Beispiele:

1) 436 + 240 = ?
436 + 200 = 636
636 + 40 = 676
436 + 240 = 676

2) 230 + 359 = ?
230 + 300 = 530
530 + 50 = 580
580 + 9 = 589
230 + 359 = 589

3) 247 + 323 = ?
247 + 300 = 547
547 + 20 = 567
567 + 3 = 570
247 + 323 = 570

4) 448 + 329 = ?
448 + 300 = 748
748 + 20 = 768
768 + 9 = 777
448 + 329 = 777

| 5. | 6. | 7. | 8. |
|---|---|---|---|
| 135 + 160 = | 340 + 225 = | 240 + 436 = | 145 + 204 = |
| 241 + 350 = | 220 + 456 = | 129 + 250 = | 234 + 102 = |
| 329 + 430 = | 730 + 166 = | 370 + 429 = | 361 + 406 = |
| 516 + 270 = | 450 + 218 = | 452 + 330 = | 233 + 205 = |
| 423 + 240 = | 330 + 341 = | 560 + 112 = | 656 + 303 = |
| 851 + 130 = | 420 + 256 = | 223 + 460 = | 414 + 201 = |
| 667 + 320 = | 810 + 137 = | 740 + 251 = | 872 + 107 = |
| 148 + 350 = | 540 + 211 = | 416 + 230 = | 323 + 304 = |
| 317 + 230 = | 350 + 425 = | 820 + 156 = | 645 + 203 = |
| 579 + 120 = | 410 + 269 = | 769 + 220 = | 287 + 501 = |

| 9. | 10. | 11. | 12. |
|---|---|---|---|
| 305 + 132 = | 802 + 116 = | 143 + 134 = | 462 + 316 = |
| 601 + 168 = | 204 + 344 = | 224 + 235 = | 716 + 142 = |
| 406 + 242 = | 705 + 221 = | 451 + 118 = | 534 + 244 = |
| 503 + 475 = | 301 + 398 = | 347 + 421 = | 256 + 432 = |
| 107 + 252 = | 404 + 213 = | 875 + 123 = | 733 + 156 = |

**1.**

203 + 147 =
405 + 225 =
307 + 333 =
706 + 164 =
504 + 236 =

**2.**

201 + 179 =
602 + 348 =
308 + 162 =
409 + 441 =
703 + 177 =

**3.**

236 + 104 =
367 + 403 =
415 + 205 =
739 + 101 =
561 + 309 =

**4.**

616 + 204 =
252 + 608 =
423 + 107 =
514 + 406 =
748 + 202 =

**5.**

124 + 236 =
219 + 441 =
435 + 155 =
748 + 132 =
362 + 418 =
811 + 129 =
553 + 237 =
627 + 163 =
246 + 524 =
351 + 319 =

**6.**

134 + 208 =
228 + 107 =
365 + 406 =
559 + 204 =
746 + 108 =
428 + 305 =
639 + 207 =
575 + 408 =
317 + 304 =
829 + 105 =

**7.**

205 + 237 =
309 + 126 =
806 + 119 =
405 + 286 =
608 + 325 =
107 + 216 =
509 + 244 =
606 + 128 =
305 + 249 =
707 + 137 =

**8.**

245 + 129 =
137 + 316 =
258 + 235 =
634 + 127 =
516 + 218 =
328 + 346 =
445 + 227 =
827 + 119 =
274 + 418 =
628 + 233 =

---

## Subtraktion.

### Beispiele:

1) 579 — 340 = ?

579 — 300 = 279
279 — 40 = 239

579 — 340 = 239

2) 668 — 425 = ?

668 — 400 = 268
268 — 20 = 248
248 — 5 = 243

668 — 425 = 243

3) 790 — 537 = ?

790 — 500 = 290
290 — 30 = 260
260 — 7 = 253

790 — 537 = 253

4) 482 — 258 = ?

482 — 200 = 282
282 — 50 = 232
232 — 8 = 224

482 — 258 = 224

**9.**

293 — 160 =
548 — 320 =
769 — 450 =
337 — 110 =
473 — 360 =
851 — 630 =
695 — 270 =
368 — 150 =
754 — 420 =
389 — 160 =

**10.**

238 — 105 =
359 — 207 =
837 — 406 =
649 — 504 =
774 — 602 =
418 — 205 =
597 — 104 =
364 — 202 =
739 — 506 =
876 — 404 =

**11.**

287 — 134 =
659 — 325 =
396 — 283 =
944 — 612 =
428 — 116 =
567 — 425 =
378 — 167 =
855 — 533 =
637 — 415 =
399 — 234 =

**12.**

780 — 308 =
690 — 406 =
230 — 103 =
470 — 209 =
750 — 604 =
580 — 305 =
320 — 107 =
990 — 709 =
670 — 402 =
430 — 208 =

| 1. | 2. | 3. | 4. |
|---|---|---|---|
| 940 — 624 = | 486 — 208 = | 352 — 139 = | 648 — 107 = |
| 780 — 436 = | 875 — 607 = | 764 — 527 = | 934 — 722 = |
| 470 — 218 = | 732 — 405 = | 575 — 248 = | 390 — 206 = |
| 650 — 325 = | 264 — 106 = | 983 — 736 = | 680 — 414 = |
| 290 — 169 = | 743 — 509 = | 227 — 119 = | 533 — 308 = |
| 530 — 217 = | 325 — 107 = | 694 — 455 = | 796 — 529 = |
| 880 — 156 = | 687 — 408 = | 332 — 214 = | 367 — 104 = |
| 360 — 245 = | 944 — 705 = | 885 — 668 = | 248 — 125 = |
| 770 — 525 = | 275 — 109 = | 752 — 223 = | 640 — 307 = |
| 250 — 123 = | 861 — 504 = | 964 — 548 = | 975 — 608 = |

---

## 3. Stufe.

### Addition.

Beispiele:

1) 70 + 80 = ?

70 + 30 = 100
100 + 50 = 150

70 + 80 = 150

2) 360 + 490 = ?

360 + 400 = 760
760 + 90 = 850

360 + 490 = 850

| 5. | 6. | 7. | 8. |
|---|---|---|---|
| 30 + 80 = | 80 + 50 = | 140 + 60 = | 170 + 60 = |
| 70 + 60 = | 40 + 80 = | 270 + 30 = | 280 + 50 = |
| 40 + 90 = | 50 + 90 = | 450 + 50 = | 740 + 90 = |
| 60 + 60 = | 70 + 70 = | 760 + 40 = | 390 + 70 = |
| 20 + 90 = | 80 + 40 = | 320 + 80 = | 560 + 80 = |
| 60 + 90 = | 60 + 70 = | 610 + 90 = | 870 + 40 = |
| 50 + 80 = | 90 + 50 = | 980 + 20 = | 660 + 90 = |
| 40 + 70 = | 30 + 90 = | 530 + 70 = | 480 + 30 = |
| 60 + 80 = | 80 + 60 = | 790 + 10 = | 750 + 60 = |
| 70 + 90 = | 60 + 50 = | 370 + 30 = | 840 + 80 = |

| 9. | 10. | 11. | 12. |
|---|---|---|---|
| 560 + 70 = | 360 + 50 = | 130 + 180 = | 260 + 480 = |
| 370 + 80 = | 580 + 70 = | 250 + 580 = | 170 + 350 = |
| 890 + 50 = | 790 + 20 = | 360 + 260 = | 540 + 270 = |
| 450 + 60 = | 250 + 90 = | 480 + 190 = | 750 + 190 = |
| 760 + 70 = | 870 + 60 = | 270 + 480 = | 180 + 490 = |
| 280 + 90 = | 640 + 80 = | 150 + 160 = | 370 + 380 = |
| 860 + 50 = | 190 + 30 = | 590 + 240 = | 660 + 270 = |
| 590 + 30 = | 860 + 70 = | 370 + 180 = | 490 + 120 = |
| 160 + 60 = | 350 + 90 = | 680 + 290 = | 280 + 540 = |
| 380 + 50 = | 270 + 40 = | 160 + 450 = | 760 + 170 = |

---

## Subtraktion.

Beispiele:

1) 160 — 90 = ?

160 — 60 = 100
100 — 30 = 70

160 — 90 = 70

2) 550 — 380 = ?

550 — 300 = 250
250 — 80 = 170

550 — 380 = 170

| 1. | 2. | 3. | 4. |
|---|---|---|---|
| 100 — 70 = | 100 — 40 = | 150 — 60 = | 240 — 80 = |
| 200 — 50 = | 400 — 70 = | 130 — 70 = | 420 — 90 = |
| 400 — 60 = | 700 — 50 = | 110 — 30 = | 750 — 70 = |
| 300 — 90 = | 900 — 80 = | 160 — 80 = | 370 — 80 = |
| 700 — 60 = | 300 — 20 = | 140 — 50 = | 810 — 70 = |
| 1000 — 40 = | 500 — 40 = | 120 — 70 = | 540 — 50 = |
| 600 — 10 = | 1000 — 90 = | 170 — 90 = | 250 — 80 = |
| 500 — 30 = | 600 — 30 = | 150 — 80 = | 630 — 50 = |
| 800 — 80 = | 200 — 70 = | 180 — 90 = | 340 — 70 = |
| 900 — 20 = | 800 — 60 = | 120 — 40 = | 810 — 90 = |

| 5. | 6. | 7. | 8. |
|---|---|---|---|
| 230 — 60 = | 250 — 170 = | 240 — 160 = | 740 — 370 = |
| 820 — 40 = | 760 — 490 = | 550 — 370 = | 310 — 160 = |
| 350 — 90 = | 310 — 130 = | 830 — 540 = | 850 — 590 = |
| 740 — 50 = | 530 — 250 = | 710 — 180 = | 230 — 180 = |
| 210 — 30 = | 950 — 780 = | 230 — 150 = | 420 — 240 = |
| 830 — 60 = | 440 — 160 = | 620 — 290 = | 860 — 580 = |
| 440 — 80 = | 820 — 430 = | 510 — 230 = | 550 — 160 = |
| 610 — 20 = | 730 — 270 = | 220 — 140 = | 280 — 190 = |
| 320 — 40 = | 210 — 140 = | 840 — 470 = | 640 — 470 = |
| 530 — 90 = | 660 — 380 = | 750 — 260 = | 910 — 830 = |

# 4. Stufe.

## Addition.

Beispiele:

1) 70 + 58 = ?

70 + 50 = 120
120 + 8 = 128

70 + 58 = 128

2) 440 + 295 = ?

440 + 200 = 640
640 + 90 = 730
730 + 5 = 735

440 + 295 = 735

| 9. | 10. | 11. | 12. |
|---|---|---|---|
| 80 + 74 = | 340 + 89 = | 670 + 57 = | 60 + 83 = |
| 150 + 68 = | 90 + 48 = | 30 + 94 = | 560 + 78 = |
| 70 + 53 = | 450 + 63 = | 280 + 36 = | 90 + 29 = |
| 290 + 85 = | 50 + 84 = | 70 + 65 = | 840 + 94 = |
| 60 + 77 = | 580 + 92 = | 790 + 42 = | 50 + 77 = |

| 1. | 2. | 3. | 4. |
|---|---|---|---|
| 340 + 179 = | 150 + 282 = | 168 + 290 = | 357 + 260 = |
| 670 + 245 = | 370 + 448 = | 384 + 440 = | 666 + 180 = |
| 280 + 331 = | 580 + 143 = | 752 + 180 = | 495 + 450 = |
| 160 + 468 = | 290 + 555 = | 291 + 330 = | 268 + 370 = |
| 790 + 126 = | 660 + 273 = | 564 + 270 = | 372 + 150 = |

## Subtraktion.

Beispiele:

1) 447 — 70 = ?
440 — 70 = 370
370 + 7 = 377
447 — 70 = 377*)

2) 559 — 290 = ?
559 — 200 = 359
359 — 90 = 269
559 — 290 = 269

| 5. | 6. | 7. | 8. |
|---|---|---|---|
| 135 — 60 = | 328 — 60 = | 345 — 170 = | 462 — 180 = |
| 247 — 80 = | 112 — 20 = | 416 — 240 = | 741 — 350 = |
| 561 — 70 = | 453 — 70 = | 732 — 450 = | 327 — 270 = |
| 852 — 90 = | 237 — 50 = | 258 — 180 = | 934 — 360 = |
| 129 — 40 = | 713 — 90 = | 567 — 390 = | 866 — 590 = |
| 376 — 80 = | 115 — 30 = | 841 — 670 = | 257 — 170 = |
| 438 — 50 = | 246 — 60 = | 629 — 260 = | 816 — 630 = |
| 117 — 30 = | 779 — 90 = | 444 — 180 = | 543 — 270 = |
| 923 — 60 = | 344 — 80 = | 727 — 340 = | 778 — 190 = |
| 564 — 90 = | 622 — 50 = | 236 — 190 = | 425 — 150 = |

# 5. Stufe.

## Addition.

Beispiele:

1) 78 + 56 = ?
78 + 50 = 128
128 + 6 = 134
78 + 56 = 134

2) 365 + 85 = ?
365 + 80 = 445
445 + 5 = 450
365 + 85 = 450

3) 248 + 486 = ?
248 + 400 = 648
648 + 80 = 728
728 + 6 = 734
248 + 486 = 734

| 9. | 10. | 11. | 12. |
|---|---|---|---|
| 57 + 82 = | 29 + 95 = | 84 + 64 = | 46 + 74 = |
| 43 + 97 = | 41 + 86 = | 27 + 92 = | 54 + 83 = |
| 78 + 46 = | 87 + 43 = | 53 + 87 = | 66 + 52 = |
| 65 + 73 = | 68 + 57 = | 75 + 59 = | 83 + 37 = |
| 82 + 58 = | 92 + 34 = | 81 + 44 = | 37 + 91 = |

*) Andere Lösung: 70 = 47 + 23; 447 — 47 = 400, 400 — 23 = 377.

| 1. | 2. | 3. | 4. |
|---|---|---|---|
| 55 + 81 = | 58 + 76 = | 62 + 76 = | 58 + 69 = |
| 48 + 92 = | 36 + 83 = | 88 + 32 = | 32 + 96 = |
| 79 + 58 = | 74 + 66 = | 75 + 46 = | 55 + 75 = |
| 63 + 65 = | 88 + 55 = | 41 + 83 = | 86 + 68 = |
| 77 + 43 = | 93 + 84 = | 66 + 74 = | 49 + 82 = |

| 5. | 6. | 7. | 8. |
|---|---|---|---|
| 135 + 82 = | 268 + 91 = | 146 + 172 = | 394 + 166 = |
| 456 + 74 = | 574 + 86 = | 258 + 282 = | 147 + 388 = |
| 528 + 96 = | 345 + 79 = | 376 + 148 = | 576 + 243 = |
| 771 + 54 = | 884 + 43 = | 564 + 263 = | 358 + 275 = |
| 362 + 78 = | 469 + 81 = | 482 + 358 = | 683 + 154 = |
| 245 + 85 = | 736 + 96 = | 197 + 435 = | 277 + 463 = |
| 679 + 48 = | 582 + 55 = | 676 + 183 = | 791 + 174 = |
| 867 + 52 = | 697 + 63 = | 251 + 379 = | 435 + 385 = |
| 184 + 36 = | 278 + 49 = | 488 + 236 = | 158 + 279 = |
| 278 + 58 = | 443 + 76 = | 793 + 144 = | 536 + 194 = |

---

## Subtraktion.

Beispiele:

1) 156 — 79 = ?

156 — 70 = 86
86 — 9 = 77

156 — 79 = 77

2) 462 — 288 = ?

462 — 200 = 262
262 — 80 = 182
182 — 8 = 174

462 — 288 = 174

| 9. | 10. | 11. | 12. |
|---|---|---|---|
| 159 — 64 = | 150 — 84 = | 237 — 65 = | 570 — 88 = |
| 155 — 83 = | 130 — 42 = | 348 — 76 = | 330 — 64 = |
| 128 — 44 = | 180 — 96 = | 454 — 81 = | 750 — 77 = |
| 146 — 73 = | 160 — 85 = | 836 — 45 = | 410 — 45 = |
| 179 — 97 = | 120 — 37 = | 625 — 52 = | 660 — 92 = |
| 125 — 32 = | 140 — 69 = | 319 — 34 = | 320 — 36 = |
| 139 — 75 = | 170 — 88 = | 768 — 94 = | 950 — 81 = |
| 138 — 84 = | 110 — 51 = | 535 — 72 = | 240 — 64 = |
| 164 — 92 = | 150 — 72 = | 866 — 83 = | 510 — 32 = |
| 149 — 58 = | 160 — 93 = | 218 — 54 = | 870 — 89 = |

| 13. | 14. | 15. | 16. |
|---|---|---|---|
| 125 — 49 = | 435 — 88 = | 326 — 154 = | 438 — 186 = |
| 243 — 78 = | 718 — 49 = | 735 — 483 = | 863 — 392 = |
| 664 — 97 = | 251 — 73 = | 254 — 172 = | 355 — 171 = |
| 317 — 39 = | 545 — 87 = | 618 — 425 = | 776 — 484 = |
| 924 — 56 = | 322 — 66 = | 942 — 561 = | 515 — 233 = |

| 1. | 2. | 3. | 4. |
|---|---|---|---|
| 450 — 276 = | 910 — 638 = | 532 — 168 = | 452 — 173 = |
| 320 — 143 = | 640 — 551 = | 471 — 189 = | 817 — 649 = |
| 740 — 357 = | 330 — 162 = | 313 — 135 = | 266 — 188 = |
| 230 — 168 = | 460 — 284 = | 924 — 557 = | 554 — 296 = |
| 550 — 375 = | 250 — 195 = | 636 — 268 = | 723 — 345 = |

## 6. Stufe.

### Addition.

Beispiele:

1) 600 + 900 = ?
600 + 400 = 1000
1000 + 500 = 1500
600 + 900 = 1500

2) 780 + 970 = ?
780 + 900 = 1680
1680 + 70 = 1750
780 + 970 = 1750

| 5. | 6. | 7. | 8. |
|---|---|---|---|
| 300 + 800 = | 400 + 820 = | 730 + 800 = | 940 + 700 = |
| 500 + 700 = | 700 + 470 = | 680 + 600 = | 600 + 840 = |
| 900 + 300 = | 300 + 840 = | 950 + 400 = | 720 + 400 = |
| 600 + 900 = | 500 + 610 = | 570 + 700 = | 400 + 960 = |
| 400 + 800 = | 900 + 960 = | 890 + 300 = | 880 + 600 = |
| 700 + 400 = | 600 + 730 = | 460 + 900 = | 500 + 740 = |
| 900 + 700 = | 800 + 550 = | 750 + 600 = | 760 + 500 = |
| 800 + 600 = | 400 + 870 = | 990 + 300 = | 800 + 590 = |
| 500 + 800 = | 900 + 340 = | 670 + 700 = | 630 + 700 = |
| 700 + 700 = | 700 + 580 = | 560 + 800 = | 700 + 910 = |

| 9. | 10. | 11. | 12. |
|---|---|---|---|
| 950 + 320 = | 630 + 870 = | 570 + 750 = | 850 + 580 = |
| 760 + 530 = | 480 + 720 = | 630 + 890 = | 760 + 460 = |
| 820 + 450 = | 750 + 850 = | 960 + 560 = | 370 + 790 = |
| 440 + 820 = | 960 + 440 = | 450 + 780 = | 540 + 870 = |
| 630 + 730 = | 570 + 930 = | 880 + 930 = | 980 + 630 = |
| 920 + 260 = | 880 + 520 = | 790 + 550 = | 670 + 750 = |
| 550 + 840 = | 930 + 370 = | 560 + 860 = | 350 + 960 = |
| 380 + 910 = | 470 + 830 = | 940 + 380 = | 590 + 620 = |
| 730 + 560 = | 340 + 960 = | 370 + 970 = | 780 + 950 = |
| 910 + 670 = | 580 + 620 = | 780 + 640 = | 870 + 780 = |

### Subtraktion.

Beispiele:

1) 1700 — 900 = ?
1700 — 700 = 1000
1000 — 200 = 800
1700 — 900 = 800

2) 1530 — 870 = ?
1530 — 800 = 730
730 — 70 = 660
1530 — 870 = 660

| 1. | 2. | 3. |
|---|---|---|
| 1200 — 500 = | 1350 — 600 = | 1450 — 650 = |
| 1700 — 900 = | 1470 — 800 = | 1530 — 930 = |
| 1100 — 700 = | 1130 — 400 = | 1870 — 970 = |
| 1400 — 600 = | 1780 — 900 = | 1580 — 780 = |
| 1800 — 900 = | 1520 — 700 = | 1140 — 440 = |
| 1400 — 700 = | 1670 — 800 = | 1860 — 960 = |
| 1300 — 400 = | 1230 — 500 = | 1120 — 520 = |
| 1200 — 800 = | 1480 — 600 = | 1290 — 790 = |
| 1100 — 600 = | 1160 — 300 = | 1650 — 850 = |
| 1200 — 900 = | 1590 — 900 = | 1430 — 730 = |

| 4. | 5. | 6. |
|---|---|---|
| 1500 — 830 = | 1270 — 850 = | 1320 — 570 = |
| 1300 — 470 = | 1790 — 930 = | 1140 — 460 = |
| 1100 — 390 = | 1160 — 420 = | 1450 — 790 = |
| 1600 — 940 = | 1480 — 760 = | 1260 — 680 = |
| 1200 — 560 = | 1750 — 810 = | 1610 — 960 = |
| 1400 — 810 = | 1390 — 570 = | 1330 — 870 = |
| 1700 — 930 = | 1540 — 620 = | 1520 — 740 = |
| 1500 — 620 = | 1460 — 950 = | 1740 — 980 = |
| 1800 — 990 = | 1630 — 810 = | 1120 — 350 = |
| 1600 — 850 = | 1250 — 530 = | 1630 — 870 = |

## Aufgaben für das schriftliche Rechnen.

### Lesen und Schreiben der Zahlen im unbegrenzten Zahlenkreise.

10 Einer = 1 Zehner = . . . . . . . . . . . 10
10 Zehner = 1 Hunderter = . . . . . . . . . . 100
10 Hunderter = 1 Tausender = . . . . . . . . 1 000
10 Tausender = 1 Zehntausender = . . . . . . . 10 000
10 Zehntausender = 1 Hunderttausender = . . 100 000
10 Hunderttausender = 1 Millioner = . . . . . 1 000 000
10 Millioner = 1 Zehnmillioner = . . . . 10 000 000
10 Zehnmillioner = 1 Hundertmillioner = . 100 000 000
10 Hundertmillioner = 1 Tausendmillioner = 1 000 000 000

| | | | |
|---|---|---|---|
| Die Einer (E) . . . . | stehen in der | 1sten | Stelle |
| „ Zehner (Z) . . . . | „ „ „ | 2ten | „ von rechts nach links |
| „ Hunderter (H) . . . | „ „ „ | 3ten | „ „ „ „ „ |
| „ Tausender (T) . . . | „ „ „ | 4ten | „ „ „ „ „ |
| „ Zehntausender (ZT) . | „ „ „ | 5ten | „ „ „ „ „ |
| „ Hunderttausender (HT) | „ „ „ | 6ten | „ „ „ „ „ |
| „ Millioner (M) . . . | „ „ „ | 7ten | „ „ „ „ „ |
| „ Zehnmillioner (ZM) . | „ „ „ | 8ten | „ „ „ „ „ |
| „ Hundertmillioner (HM) | „ „ „ | 9ten | „ „ „ „ „ |
| „ Tausendmillioner (TM) | „ „ „ | 10ten | „ „ „ „ „ |

| TM | HM | ZM | M | HT | ZT | T | H | Z | E |
|---|---|---|---|---|---|---|---|---|---|
| 10 | 9 | 8 | 7 | 6 | 5 | 4 | 3 | 2 | 1 |
| | | | | | | 5 | 7 | 2 | 8 |
| | | | | | 1 | 4 | 8 | 9 | 3 |
| | | | | 1 | 4 | 2 | 7 | 8 | 4 |

In vorstehendes Schema werden die folgenden Zahlen eingetragen, nachdem sie vorher zerlegt und gelesen worden; z. B.:

5 728 = 5 T, 7 H, 2 Z, 8 E.

| 1. | 2. | 3. | 4. | 5. |
|---|---|---|---|---|
| 5 728 | 7 039 | 14 893 | 20 340 | 142 784 |
| 7 964 | 6 094 | 57 236 | 80 066 | 237 950 |
| 3 570 | 2 085 | 91 680 | 70 000 | 528 600 |
| 6 780 | 3 007 | 55 800 | 30 074 | 450 000 |
| 9 900 | 8 005 | 21 906 | 10 203 | 700 000 |
| 7 600 | 5 090 | 43 007 | 33 040 | 385 308 |
| 5 806 | 9 000 | 60 384 | 92 935 | 926 005 |
| 2 109 | 4 006 | 50 607 | 40 700 | 813 070 |
| 4 800 | 7 015 | 40 080 | 80 036 | 640 039 |
| 7 990 | 8 762 | 51 601 | 73 008 | 200 058 |

| 6. | 7. | 8. | 9. |
|---|---|---|---|
| 306 062 | 1 462 783 | 3 820 306 | 13 251 896 |
| 700 803 | 5 259 130 | 4 059 280 | 26 530 290 |
| 680 004 | 8 730 295 | 9 300 542 | 40 708 005 |
| 350 256 | 2 855 000 | 7 806 004 | 95 007 308 |
| 190 070 | 7 060 840 | 6 205 833 | 51 300 746 |
| 820 600 | 3 000 998 | 1 007 080 | 72 958 000 |
| 304 009 | 4 008 070 | 5 500 209 | 32 070 408 |
| 600 005 | 9 060 809 | 2 760 000 | 89 042 700 |
| 309 008 | 6 900 024 | 8 375 681 | 23 704 809 |
| 500 070 | 8 000 900 | 1 802 749 | 11 095 003 |

| 10. | 11. | 12. | 13. |
|---|---|---|---|
| 276 538 924 | 2 030 700 503 | 3 008 | 603 089 |
| 560 320 800 | 9 008 050 086 | 7 000 628 | 63 081 543 |
| 705 803 904 | 4 000 000 | 50 207 | 150 240 037 |
| 100 090 080 | 57 903 | 300 084 | 1 603 408 |
| 678 000 432 | 8 400 | 277 080 590 | 10 040 |
| 1 964 432 000 | 306 080 | 5 700 308 | 13 233 878 |
| 5 170 004 029 | 15 020 034 | 66 800 | 370 209 080 |
| 3 528 943 261 | 107 500 | 4 070 | 4 056 309 |

## I. Addition.

| | | | | |
|---|---|---|---|---|
| 1) 5 700*) | 2) 3 629 | 3) 2 700 | 4) 7 790 | 5) 2 832 |
| + 2 890*) | 4 853 | 3 000 | 4 582 | 9 466 |
| + 3 482*) | 9 076 | 5 982 | 3 009 | 7 800 |
| + 5 034 | 5 007 | 8 654 | 4 280 | 3 040 |
| + 4 509 | 2 685 | 6 102 | 8 763 | 5 000 |
| + 7 008 | 7 060 | 3 051 | 5 954 | 8 007 |
| + 9 532 | 8 530 | 4 268 | 6 700 | 4 249 |
| + 1 680 | 4 209 | 7 690 | 2 880 | 1 658 |
| + 5 426 | 1 237 | 9 247 | 5 299 | 5 794 |
| + 8 190 | 6 041 | 3 426 | 3 860 | 9 808 |
| 53 451**) | | | | |

6) 2 790 + 8 000 + 2 466 + 5 090 + 7 004 + 1 694 + 5 433 + 2 084 + 7 140 + 9 234 =

7) 7 633 + 5 820 + 4 900 + 6 081 + 2 090 + 4 956 + 3 820 + 9 683 + 3 409 + 7 642 =

8) 5 672 + 7 084 + 9 007 + 3 800 + 2 784 + 8 462 + 4 703 + 2 640 + 7 814 + 4 206 =

9) 2 940 + 5 762 + 8 972 + 4 070 + 8 262 + 9 365 + 7 993 + 2 685 + 6 403 + 7 009 =

10) 8 456 + 9 466 + 7 030 + 6 550 + 8 362 + 4 268 + 9 773 + 1 234 + 6 400 + 7 216 =

11) 8 860 + 2 340 + 7 003 + 4 268 + 7 135 + 3 402 + 2 680 + 2 315 + 6 200 + 1 294 =

12) 5 662 + 1 468 + 7 234 + 5 062 + 6 400 + 7 102 + 2 344 + 7 000 + 8 414 + 6 124 =

13) 3 368 + 1 426 + 2 816 + 3 474 + 7 030 + 2 119 + 7 008 + 5 203 + 9 000 + 7 610 =

14) 9 400 + 3 268 + 9 211 + 2 344 + 1 563 + 5 000 + 2 133 + 7 428 + 5 300 + 1 507 =

15) 7 614 + 8 007 + 3 426 + 9 862 + 4 636 + 7 048 + 2 990 + 5 784 + 3 970 + 5 018 =

| | | | |
|---|---|---|---|
| 16) 13 728 | 17) 25 813 | 18) 42 080 | 19) 10 932 |
| 45 818 | 77 040 | 73 512 | 91 468 |
| 96 274 | 50 800 | 26 909 | 20 213 |
| 22 806 | 33 659 | 30 048 | 47 002 |
| 74 005 | 12 703 | 67 532 | 32 804 |
| 36 000 | 85 209 | 44 819 | 16 259 |
| 57 009 | 70 033 | 39 000 | 55 638 |
| 22 818 | 64 213 | 72 150 | 77 400 |
| 17 506 | 96 485 | 19 831 | 35 628 |
| 28 300 | 55 207 | 11 502 | 12 345 |

*) Summanden oder Posten. **) Summe.

1) 72 344 + 18 660 + 43 924 + 80 900 + 25 406 + 15 639 + 20 000 + 65 403 + 12 307 + 56 900 =

2) 41 036 + 50 733 + 60 008 + 15 789 + 32 009 + 19 503 + 33 684 + 17 804 + 23 806 + 60 713 =

3) 10 805 + 19 360 + 44 631 + 70 300 + 18 000 + 21 369 + 99 804 + 15 123 + 41 030 + 77 146 =

4) 25 308 + 16 908 + 35 297 + 23 968 + 13 200 + 61 433 + 53 100 + 62 814 + 50 260 + 25 840 =

5) 23 000 + 77 483 + 16 009 + 24 833 + 87 163 + 12 345 + 60 038 + 27 349 + 10 770 + 18 512 =

6) 50 800 + 33 114 + 60 120 + 34 620 + 12 903 + 19 140 + 41 250 + 23 667 + 15 500 + 70 039 =

7) 96 814 + 60 080 + 35 104 + 20 070 + 21 818 + 16 900 + 12 349 + 67 400 + 19 876 + 66 904 =

8) 86 402 + 13 140 + 10 001 + 17 406 + 19 753 + 19 042 + 16 938 + 13 192 + 61 823 + 33 668 =

| 9) | 10) | 11) | 12) |
|---|---|---|---|
| 7 305 | 5 869 | 70 340 | 20 348 |
| 159 | 237 | 1 520 | 6 |
| 27 | 6 009 | 96 | 495 |
| 8 | 5 | 377 | 7 006 |
| 35 | 86 | 8 613 | 42 |
| 268 | 3 532 | 6 | 98 037 |
| 9 470 | 41 | 23 975 | 5 864 |
| 706 | 600 | 466 | 73 |
| 98 | 25 | 80 | 8 |
| 1 207 | 9 | 41 039 | 190 |

13) 3 740 + 82 + 460 + 9 + 2 307 + 48 + 1 005 + 65 + 489 + 1 299 =

14) 466 + 7 230 + 88 + 5 690 + 7 + 26 + 416 + 6 900 + 659 + 6 =

15) 5 + 199 + 3 700 + 68 + 290 + 5 000 + 673 + 76 + 5 144 + 42 =

16) 91 + 2 794 + 5 + 133 + 5 840 + 6 778 + 400 + 2 + 1 997 + 36 =

17) 4 983 + 2 + 7 600 + 8 + 6 413 + 276 + 3 842 + 11 298 + 16 + 6 508 =

18) 76 + 322 + 8 + 160 + 4 836 + 26 + 5 804 + 296 + 3 568 + 56 =

19) 15 260 + 3 942 + 608 + 18 + 4 + 77 642 + 17 + 60 084 + 9 + 50 206 =

20) 6 180 + 39 + 76 235 + 148 + 7 + 1 884 + 13 + 160 + 85 + 34 809 =

1) 70 492 + 6 418 + 196 + 17 + 3 + 62 406 + 908 + 1 786 + 619 + 65 =

2) 88 + 4 239 + 53 290 + 49 273 + 16 + 6 + 188 + 37 804 + 2 900 + 40 =

3) 46 104 + 126 + 5 038 + 12 + 9 + 930 + 52 + 177 + 59 + 13 259 =

4) 6 + 288 + 54 260 + 81 + 633 + 2 + 4 340 + 19 + 4 833 + 70 944 =

| 5) | 6) | 7) | 8) |
|---|---|---|---|
| 104 260 | 526 903 | 219 003 | 574 862 |
| 259 304 | 169 847 | 567 986 | 730 040 |
| 506 800 | 406 043 | 193 715 | 192 541 |
| 700 090 | 270 400 | 847 436 | 200 368 |
| 456 793 | 135 680 | 260 080 | 904 203 |
| 260 054 | 246 914 | 534 173 | 116 800 |
| 186 409 | 400 600 | 703 268 | 307 418 |
| 215 460 | 870 306 | 217 844 | 793 085 |
| 919 736 | 714 200 | 100 500 | 138 179 |
| 408 090 | 183 640 | 648 155 | 217 483 |

9) 125 615 + 304 819 + 102 889 + 200 053 + 761 800 + 337 060 + 459 281 + 610 008 + 152 408 + 387 407 =

10) 220 703 + 562 110 + 703 040 + 884 713 + 216 899 + 167 003 + 450 206 + 187 309 + 400 093 + 123 567 =

11) 386 571 + 219 030 + 863 057 + 445 833 + 109 807 + 217 340 + 760 408 + 246 803 + 100 800 + 462 318 =

12) 551 623 + 173 031 + 284 039 + 476 005 + 121 347 + 198 784 + 204 207 + 987 006 + 640 832 + 735 080 =

13) 362 179 + 261 653 + 223 671 + 861 500 + 208 709 + 500 703 + 420 018 + 501 502 + 369 258 + 416 001 =

14) 678 903 + 546 284 + 195 009 + 123 004 + 540 389 + 281 660 + 107 302 + 207 306 + 500 678 + 712 407 =

15) 562 481 + 210 058 + 678 100 + 280 084 + 640 238 + 122 304 + 734 619 + 347 040 + 642 305 + 564 310 =

16) 680 310 + 471 640 + 216 384 + 388 000 + 963 805 + 472 843 + 837 400 + 847 612 + 706 042 + 406 030 =

| 17) | 18) | 19) | 20) |
|---|---|---|---|
| 209 408 | 49 | 16 807 | 200 800 |
| 57 053 | 6 030 | 204 090 | 17 635 |
| 6 189 | 107 468 | 3 245 | 4 009 |
| 704 | 259 | 673 | 681 |
| 59 | 46 300 | 5 | 72 |
| 3 | 200 783 | 49 | 4 |
| 247 | 9 | 322 948 | 35 |
| 5 020 | 354 | 5 600 | 206 |
| 17 933 | 62 | 25 | 4 355 |
| 208 469 | 4 830 | 149 | 670 809 |

1) 460 920 + 170 + 3 508 + 440 + 200 509 + 17 800 + 1 935 + 7 + 30 050 + 77 880 =

2) 68 + 8 + 199 + 5 000 + 43 672 + 174 009 + 23 + 406 789 + 17 330 + 37 =

3) 468 957 + 269 + 44 + 5 + 10 300 + 569 + 188 + 200 600 + 8 + 77 =

4) 564 + 18 + 310 620 + 3 + 198 + 33 + 169 + 22 709 + 17 + 304 296 =

5) 124 800 + 7 369 + 5 009 + 29 + 143 + 11 + 76 + 105 210 + 123 + 5 432 =

6) 4 000 + 270 + 980 765 + 2 + 127 + 3 000 + 763 700 + 46 + 189 + 4 880 =

| 7) | 8) | 9) |
|---|---|---|
| 6 480 713 | 7 523 004 | 768 |
| 2 003 805 | 306 940 | 16 904 |
| 7 416 329 | 63 872 | 4 090 830 |
| 5 830 072 | 4 600 | 65 |
| 1 050 304 | 109 | 7 |
| 8 200 948 | 76 | 406 051 |
| 6 395 004 | 4 | 288 |
| 2 040 680 | 35 | 70 840 |
| 5 736 810 | 270 | 213 986 |
| 7 403 709 | 8 409 609 | 157 |

10) 6 219 400 + 97 + 850 940 + 133 + 2 780 + 54 + 660 890 + 13 004 + 8 + 299 =

11) 51 459 + 7 229 580 + 130 + 5 769 + 16 + 3 200 + 15 430 + 220 + 4 + 6 890 080 =

12) 67 + 183 + 16 840 + 3 009 482 + 7 + 122 904 + 583 073 + 13 + 449 + 62 819 =

13) 4 623 + 1 200 300 + 17 460 + 59 + 3 + 2 819 + 104 035 + 673 + 18 + 2 936 =

14) 8 517 930 + 2 694 + 550 900 + 14 + 396 + 8 + 77 + 368 + 406 709 + 226 =

15) 13 482 920 + 114 840 + 17 + 5 208 709 + 59 + 6 780 368 + 13 709 + 199 + 6 + 6 840 =

## II. Subtraktion.

Beispiel:

  2 764*)
— 1 352**)
  1 412***)

| 16) | 17) | 18) | 19) | 20) | 21) |
|---|---|---|---|---|---|
| 9 856 | 7 346 | 5 814 | 7 685 | 8 925 | 5 879 |
| — 3 425 | — 4 132 | — 2 102 | — 3 455 | — 612 | — 468 |

*) Minuendus. **) Subtrahendus. ***) Rest oder Differenz.

1) 7 952 — 5 311 =
2) 8 765 — 4 232 =
3) 9 424 — 6 221 =
4) 8 307 — 5 106 =
5) 6 540 — 2 330 =

6) 5 432 — 4 212 =
7) 7 096 — 5 074 =
8) 4 380 — 2 160 =
9) 5 097 — 3 084 =
10) 9 008 — 7 007 =

11) 28 935 — 14 523 =
12) 59 279 — 27 043 =
13) 38 668 — 15 405 =
14) 54 097 — 2 046 =
15) 60 805 — 502 =

16) 26 987 — 14 562 =
17) 56 700 — 3 400 =
18) 68 421 — 5 301 =
19) 79 906 — 802 =
20) 85 094 — 3 063 =

21) 153 642 — 121 520 =
22) 604 939 — 2 717 =
23) 983 720 — 41 610 =
24) 670 853 — 50 421 =
25) 764 009 — 3 004 =

26) 843 260 — 321 050 =
27) 905 096 — 4 075 =
28) 364 069 — 22 046 =
29) 457 823 — 304 702 =
30) 509 204 — 7 103 =

---

**Beispiele:**

| 1) | 2) |
|---|---|
| (10 10) 26.09.0 | 9.07.0 |
| — 2 74 8 | — 4 63 9 |
| 23 34 2 | 4 43 1 |

31) 8 640 — 3 526

32) 7 908 — 3 264

33) 4 093 — 2 741

34) 37 084 — 3 771

35) 45 680 — 31 423

36) 867 320 — 4 218

37) 9 640 — 4 328 =
38) 17 060 — 4 723 =
39) 7 084 — 4 813 =
40) 79 860 — 31 423 =
41) 6 507 — 3 264 =
42) 536 090 — 13 746 =
43) 87 908 — 26 374 =
44) 5 680 — 329 =
45) 1 073 084 — 461 723 =
46) 8 070 — 4 726 =

47) 3 607 038 — 462 314 =
48) 70 630 — 32 416 =
49) 506 030 — 42 617 =
50) 63 406 — 273 =
51) 9 080 736 — 3 948 614 =
52) 9 080 — 2 435 =
53) 4 070 308 — 643 281 =
54) 10 693 — 8 342 =
55) 7 608 — 543 =
56) 428 090 — 7 647 =

---

**Beispiele:**

| 1) | 2) |
|---|---|
| (13 11) 68.3.4.16 | 8 3.54 |
| — 1 8 3 74 | — 4 2 91 |
| 66 5 0 42 | 4 0 63 |

| | | | | | |
|---|---|---|---|---|---|
| 1) | 4 862 — | 1 439 = | 11) | 1 293 452 — | 491 837 = |
| 2) | 45 463 — | 1 392 = | 12) | 428 070 — | 14 436 = |
| 3) | 7 043 681 — | 4 921 247 = | 13) | 8 094 — | 837 = |
| 4) | 625 034 — | 512 617 = | 14) | 7 684 — | 2 837 = |
| 5) | 73 038 — | 429 = | 15) | 438 206 — | 72 184 = |
| 6) | 9 482 — | 4 739 = | 16) | 4 416 280 — | 4 963 = |
| 7) | 3 706 904 — | 394 881 = | 17) | 7 860 — | 948 = |
| 8) | 186 318 — | 3 284 = | 18) | 77 124 — | 26 913 = |
| 9) | 6 051 — | 738 = | 19) | 509 213 — | 74 609 = |
| 10) | 22 493 — | 1 746 = | 20) | 144 271 — | 72 839 = |

---

Beispiele:

```
       12 10 11
1)     8.3.1.1        2)   45.3.2.3
     — 6 9 2 3            — 3 6 7 8
     ---------            ---------
       1 3 8 8             41 6 4 5
```

| | | | | | |
|---|---|---|---|---|---|
| 21) | 79 411 — | 23 894 = | 31) | 471 243 — | 81 946 = |
| 22) | 41 216 — | 37 684 = | 32) | 2 714 312 — | 128 913 = |
| 23) | 84 523 — | 3 549 = | 33) | 732 844 — | 6 479 = |
| 24) | 162 412 — | 48 156 = | 34) | 65 327 — | 8 194 = |
| 25) | 1 573 218 — | 938 149 = | 35) | 761 852 — | 432 973 = |
| 26) | 782 314 — | 45 618 = | 36) | 2 713 315 — | 946 219 = |
| 27) | 4 234 152 — | 1 463 968 = | 37) | 317 852 — | 164 897 = |
| 28) | 8 412 — | 7 923 = | 38) | 4 613 — | 2 984 = |
| 29) | 17 625 — | 8 537 = | 39) | 76 312 — | 19 358 = |
| 30) | 224 842 — | 5 938 = | 40) | 1 212 619 — | 516 973 = |

---

Beispiele:

```
          9 10
1)     7 6.0.0        2)   2.1.0.0.4.0
     — 4 3 4 6           — 1 5 6 3 7 4
     ---------           -------------
       3 2 5 4               5 3 6 6 6
```

| | | | | | |
|---|---|---|---|---|---|
| 41) | 70 084 — | 32 146 = | 51) | 1 000 007 — | 732 164 = |
| 42) | 560 000 — | 234 983 = | 52) | 516 300 — | 434 953 = |
| 43) | 1 500 300 — | 732 948 = | 53) | 17 800 — | 8 364 = |
| 44) | 9 000 — | 4 213 = | 54) | 9 000 — | 5 638 = |
| 45) | 76 000 — | 14 320 = | 55) | 35 000 — | 16 728 = |
| 46) | 242 000 — | 176 321 = | 56) | 20 000 — | 18 640 = |
| 47) | 500 638 — | 14 829 = | 57) | 740 080 — | 26 357 = |
| 48) | 4 006 318 — | 213 481 = | 58) | 4 000 630 — | 1 632 847 = |
| 49) | 16 000 — | 9 814 = | 59) | 18 300 — | 8 490 = |
| 50) | 8 000 — | 4 612 = | 60) | 213 000 — | 14 857 = |

---

## Wiederholungsaufgaben.

| | |
|---|---|
| 1) 523 680 — 165 945 = | 11) 1 263 890 — 239 462 = |
| 2) 208 950 — 108 562 = | 12) 7 200 800 — 8 559 = |
| 3) 700 000 — 326 917 = | 13) 3 560 940 — 77 812 = |
| 4) 613 009 — 528 628 = | 14) 5 000 000 — 395 = |
| 5) 750 008 — 352 719 = | 15) 8 946 300 — 1 216 830 = |
| 6) 398 496 — 103 845 = | 16) 2 607 030 — 57 963 = |
| 7) 279 003 — 124 200 = | 17) 4 008 129 — 116 875 = |
| 8) 608 903 — 456 987 = | 18) 7 654 321 — 3 914 = |
| 9) 763 004 — 293 856 = | 19) 9 004 002 — 895 = |
| 10) 897 600 — 462 903 = | 20) 1 563 027 — 17 975 = |

| | | | | | | |
|---|---|---|---|---|---|---|
| 21) | Von | 27 654 | nimm | 9 218 | dreimal | fort! |
| 22) | „ | 31 776 | „ | 7 944 | viermal | „ ! |
| 23) | „ | 178 600 | „ | 35 720 | fünfmal | „ ! |
| 24) | „ | 58 128 | „ | 9 688 | sechsmal | „ ! |
| 25) | „ | 194 922 | „ | 27 846 | siebenmal | „ ! |
| 26) | „ | 472 656 | „ | 59 082 | achtmal | „ ! |
| 27) | „ | 840 762 | „ | 93 418 | neunmal | „ ! |
| 28) | „ | 723 820 | „ | 72 382 | zehnmal | „ ! |

---

# Aufgaben für das mündliche Rechnen.

## II. Multiplikation und Division.

### 1. Stufe.

### Multiplikation.

| 29. | 30. | 31. | 32. |
|---|---|---|---|
| 1 × 15 = | 3 × 15 = | 1 × 16 = | 9 × 16 = |
| 2 × 15 = | 9 × 15 = | 2 × 16 = | 7 × 16 = |
| 3 × 15 = | 5 × 15 = | 3 × 16 = | 4 × 16 = |
| 4 × 15 = | 7 × 15 = | 4 × 16 = | 10 × 16 = |
| 5 × 15 = | 1 × 15 = | 5 × 16 = | 2 × 16 = |
| 6 × 15 = | 4 × 15 = | 6 × 16 = | 6 × 16 = |
| 7 × 15 = | 6 × 15 = | 7 × 16 = | 1 × 16 = |
| 8 × 15 = | 10 × 15 = | 8 × 16 = | 5 × 16 = |
| 9 × 15 = | 2 × 15 = | 9 × 16 = | 3 × 16 = |
| 10 × 15 = | 8 × 15 = | 10 × 16 = | 8 × 16 = |

| 33. | 34. | 35. | 36. |
|---|---|---|---|
| 1 × 24 = | 6 × 24 = | 7 × 24 = | 1 × 24 = |
| 2 × 24 = | 7 × 24 = | 2 × 24 = | 6 × 24 = |
| 3 × 24 = | 8 × 24 = | 10 × 24 = | 4 × 24 = |
| 4 × 24 = | 9 × 24 = | 3 × 24 = | 9 × 24 = |
| 5 × 24 = | 10 × 24 = | 8 × 24 = | 5 × 24 = |

| 1. | 2. | 3. | 4. |
|---|---|---|---|
| 1 × 25 = | 6 × 25 = | 4 × 25 | 8 × 25 = |
| 2 × 25 = | 7 × 25 = | 9 × 25 | 5 × 25 = |
| 3 × 25 = | 8 × 25 = | 7 × 25 | 2 × 25 = |
| 4 × 25 = | 9 × 25 = | 1 × 25 | 10 × 25 = |
| 5 × 25 = | 10 × 25 = | 3 × 25 | 6 × 25 = |

## Division.

| 5. | 6. | 7. | 8. |
|---|---|---|---|
| 45 : 15 =*) | 112 : 16 = | 168 : 24 = | 150 : 25 = |
| 150 : 15 = | 64 : 16 = | 72 : 24 = | 75 : 25 = |
| 105 : 15 = | 160 : 16 = | 216 : 24 = | 200 : 25 = |
| 60 : 15 = | 96 : 16 = | 96 : 24 = | 50 : 25 = |
| 15 : 15 = | 144 : 16 = | 240 : 24 = | 175 : 25 = |
| 120 : 15 = | 80 : 16 = | 24 : 24 = | 250 : 25 = |
| 75 : 15 = | 32 : 16 = | 120 : 24 = | 100 : 25 = |
| 135 : 15 = | 128 : 16 = | 192 : 24 = | 25 : 25 = |
| 30 : 15 = | 16 : 16 = | 48 : 24 = | 225 : 25 = |
| 90 : 15 = | 48 : 16 = | 144 : 24 = | 125 : 25 = |

---

# 2. Stufe.

## Multiplikation.

Beispiel:

8 × 78 = ?

8 × 70 = 560
8 × 8 = 64

8 × 78 = 624

| 9. | 10. | 11. | 12. | 13. |
|---|---|---|---|---|
| 7 × 53 = | 6 × 68 = | 5 × 94 = | 6 × 95 = | 9 × 59 = |
| 8 × 64 = | 9 × 77 = | 6 × 59 = | 9 × 83 = | 8 × 87 = |
| 3 × 92 = | 5 × 98 = | 9 × 98 = | 5 × 87 = | 7 × 74 = |
| 5 × 48 = | 7 × 46 = | 7 × 36 = | 8 × 46 = | 9 × 96 = |
| 7 × 79 = | 3 × 86 = | 6 × 88 = | 4 × 96 = | 6 × 47 = |
| 4 × 87 = | 8 × 39 = | 8 × 65 = | 8 × 63 = | 4 × 98 = |
| 9 × 45 = | 5 × 59 = | 9 × 74 = | 9 × 47 = | 7 × 56 = |
| 6 × 63 = | 4 × 67 = | 5 × 49 = | 6 × 38 = | 8 × 78 = |
| 4 × 85 = | 7 × 73 = | 7 × 63 = | 8 × 59 = | 6 × 49 = |
| 8 × 67 = | 8 × 85 = | 9 × 84 = | 5 × 97 = | 9 × 94 = |

*) Lies: 45 **geteilt durch** 15.

## Division.

Beispiele:

1) 355 : 5 = ?
350 : 5 = 70
5 : 5 = 1
355 : 5 = 71

2) 483 : 7 = ?
420 : 7 = 60
63 : 7 = 9
483 : 7 = 69

| 1. | 2. | 3. | 4. |
|---|---|---|---|
| 243 : 3 = | 728 : 8 = | 426 : 6 = | 270 : 5 = |
| 205 : 5 = | 248 : 4 = | 204 : 4 = | 336 : 7 = |
| 284 : 4 = | 186 : 2 = | 568 : 8 = | 432 : 8 = |
| 366 : 6 = | 219 : 3 = | 124 : 4 = | 255 : 3 = |
| 819 : 9 = | 306 : 6 = | 546 : 6 = | 702 : 9 = |
| 155 : 5 = | 729 : 9 = | 459 : 9 = | 399 : 7 = |
| 128 : 2 = | 408 : 8 = | 168 : 4 = | 177 : 3 = |
| 328 : 4 = | 305 : 5 = | 164 : 2 = | 230 : 5 = |
| 455 : 5 = | 276 : 3 = | 364 : 4 = | 658 : 7 = |
| 549 : 9 = | 186 : 6 = | 567 : 7 = | 768 : 8 = |

| 5. | 6. | 7. | 8. |
|---|---|---|---|
| 384 : 4 = | 600 : 8 = | 297 : 3 = | 282 : 3 = |
| 470 : 5 = | 304 : 4 = | 504 : 9 = | 616 : 8 = |
| 343 : 7 = | 873 : 9 = | 290 : 5 = | 395 : 5 = |
| 243 : 9 = | 525 : 7 = | 344 : 8 = | 294 : 6 = |
| 192 : 4 = | 260 : 5 = | 228 : 3 = | 512 : 8 = |
| 237 : 3 = | 258 : 3 = | 539 : 7 = | 288 : 3 = |
| 704 : 8 = | 756 : 9 = | 621 : 9 = | 891 : 9 = |
| 425 : 5 = | 356 : 4 = | 664 : 8 = | 693 : 7 = |
| 438 : 6 = | 776 : 8 = | 285 : 5 = | 264 : 4 = |
| 231 : 3 = | 588 : 6 = | 336 : 4 = | 258 : 6 = |

## 3. Stufe.

### Multiplikation.

Beispiel:

3 × 189 = ?
3 × 100 = 300
3 × 80 = 240
3 × 9 = 27
3 × 189 = 567

| 9. | 10. | 11. | 12. |
|---|---|---|---|
| 3 × 218 = | 3 × 316 = | 5 × 153 = | 3 × 278 = |
| 6 × 135 = | 2 × 167 = | 8 × 125 = | 6 × 119 = |
| 2 × 379 = | 7 × 113 = | 2 × 416 = | 2 × 395 = |
| 4 × 225 = | 4 × 249 = | 4 × 137 = | 7 × 142 = |
| 6 × 143 = | 3 × 192 = | 7 × 129 = | 4 × 164 = |

| 1. | 2. | 3. | 4. |
|---|---|---|---|
| 2 × 159 = | 6 × 165 = | 5 × 166 = | 4 × 186 = |
| 8 × 123 = | 4 × 213 = | 2 × 397 = | 2 × 279 = |
| 5 × 157 = | 2 × 428 = | 8 × 114 = | 8 × 117 = |
| 7 × 136 = | 5 × 179 = | 3 × 237 = | 3 × 196 = |
| 3 × 197 = | 7 × 127 = | 6 × 118 = | 5 × 155 = |

## Division.

Beispiele:

1) 705 : 5 = ?
500 : 5 = 100
200 : 5 = 40
5 : 5 = 1
705 : 5 = 141

2) 936 : 4 = ?
800 : 4 = 200
120 : 4 = 30
16 : 4 = 4
936 : 4 = 234

| 5. | 6. | 7. | 8. |
|---|---|---|---|
| 364 : 2 = | 352 : 2 = | 973 : 7 = | 616 : 4 = |
| 516 : 3 = | 534 : 3 = | 795 : 3 = | 894 : 6 = |
| 905 : 5 = | 704 : 4 = | 984 : 8 = | 915 : 5 = |
| 987 : 7 = | 635 : 5 = | 745 : 5 = | 398 : 2 = |
| 644 : 4 = | 570 : 2 = | 708 : 4 = | 804 : 6 = |
| 906 : 6 = | 959 : 7 = | 596 : 2 = | 796 : 4 = |
| 782 : 2 = | 932 : 4 = | 938 : 7 = | 940 : 5 = |
| 655 : 5 = | 585 : 3 = | 980 : 5 = | 894 : 3 = |
| 576 : 3 = | 992 : 8 = | 882 : 6 = | 762 : 6 = |
| 548 : 2 = | 756 : 2 = | 858 : 3 = | 536 : 2 = |

# 4. Stufe.

## Multiplikation.

Beispiele:

1) 30 × 20 = ?*)
30 × 10 = 300
300 × 2 = 600
30 × 20 = 600

2) 27 × 20 = ?
20 × 20 = 400
7 × 20 = 140
27 × 20 = 540

3) 30 × 26 = ?
30 × 20 = 600
30 × 6 = 180
30 × 26 = 780

| 9. | 10. | 11. | 12. |
|---|---|---|---|
| 10 × 10 = | 20 × 20 = | 14 × 10 = | 27 × 20 = |
| 20 × 10 = | 30 × 30 = | 17 × 10 = | 17 × 40 = |
| 10 × 70 = | 40 × 20 = | 25 × 10 = | 14 × 60 = |
| 50 × 10 = | 20 × 50 = | 37 × 10 = | 13 × 70 = |
| 10 × 90 = | 10 × 40 = | 49 × 10 = | 12 × 80 = |
| 30 × 10 = | 30 × 20 = | 73 × 10 = | 42 × 20 = |
| 10 × 80 = | 20 × 40 = | 54 × 10 = | 24 × 40 = |
| 40 × 10 = | 10 × 30 = | 68 × 10 = | 13 × 60 = |
| 10 × 60 = | 20 × 30 = | 86 × 10 = | 28 × 30 = |
| 100 × 10 = | 50 × 20 = | 95 × 10 = | 19 × 40 = |

*) 20 = 10 × 2; also ist 30 × 20 = 30 × 10 × 2.

| 1. | 2. | 3. | 4. |
|---|---|---|---|
| 15 × 40 = | 30 × 26 = | 20 × 43 = | 30 × 15 = |
| 14 × 70 = | 20 × 27 = | 30 × 25 = | 70 × 12 = |
| 16 × 30 = | 40 × 16 = | 70 × 14 = | 40 × 13 = |
| 29 × 20 = | 20 × 19 = | 40 × 19 = | 20 × 26 = |
| 16 × 60 = | 50 × 18 = | 20 × 38 = | 60 × 13 = |
| 18 × 40 = | 70 × 13 = | 60 × 14 = | 50 × 15 = |
| 35 × 20 = | 40 × 24 = | 30 × 29 = | 20 × 46 = |
| 26 × 30 = | 20 × 17 = | 40 × 17 = | 30 × 27 = |
| 25 × 40 = | 50 × 19 = | 20 × 29 = | 20 × 35 = |
| 47 × 20 = | 30 × 28 = | 30 × 16 = | 50 × 17 = |

## Division.

Beispiele:

1) 280 : 20 = ?
200 : 20 = 10
80 : 20 = 4
280 : 20 = 14

2) 360 : 20 = ?
200 : 20 = 10
160 : 20 = 8
360 : 20 = 18

| 5. | 6. | 7. | 8. |
|---|---|---|---|
| 100 : 10 = | 400 : 20 = | 140 : 10 = | 280 : 20 = |
| 700 : 10 = | 1000 : 20 = | 370 : 10 = | 390 : 30 = |
| 900 : 10 = | 600 : 30 = | 440 : 10 = | 840 : 40 = |
| 400 : 10 = | 800 : 40 = | 560 : 10 = | 460 : 20 = |
| 600 : 10 = | 200 : 20 = | 920 : 10 = | 550 : 50 = |
| 200 : 10 = | 1000 : 50 = | 170 : 10 = | 630 : 30 = |
| 800 : 10 = | 300 : 30 = | 730 : 10 = | 880 : 20 = |
| 300 : 10 = | 800 : 20 = | 250 : 10 = | 990 : 30 = |
| 1000 : 10 = | 400 : 40 = | 680 : 10 = | 260 : 20 = |
| 500 : 10 = | 600 : 20 = | 930 : 10 = | 770 : 70 = |

| 9. | 10. | 11. | 12. |
|---|---|---|---|
| 360 : 20 = | 800 : 50 = | 520 : 20 = | 750 : 30 = |
| 480 : 30 = | 450 : 30 = | 900 : 60 = | 850 : 50 = |
| 960 : 80 = | 900 : 50 = | 540 : 30 = | 720 : 40 = |
| 560 : 40 = | 380 : 20 = | 910 : 70 = | 980 : 20 = |
| 540 : 20 = | 780 : 60 = | 720 : 20 = | 860 : 20 = |

## 5. Stufe.

### Multiplikation.

Beispiele:

1) 2 × 630 = ?
2 × 600 = 1200
2 × 30 = 60
2 × 630 = 1260

2) 70 × 80 = ?
70 × 10 = 700
700 × 8 = 5600
70 × 80 = 5600

| 1. | 2. | 3. | 4. | 5. |
|---|---|---|---|---|
| 2 × 700 = | 2 × 630 = | 5 × 350 = | 70 × 80 = | 60 × 50 = |
| 3 × 500 = | 4 × 940 = | 3 × 690 = | 30 × 50 = | 40 × 70 = |
| 8 × 400 = | 7 × 270 = | 7 × 430 = | 40 × 60 = | 30 × 90 = |
| 9 × 300 = | 9 × 320 = | 2 × 870 = | 80 × 90 = | 50 × 80 = |
| 5 × 600 = | 3 × 580 = | 9 × 440 = | 30 × 70 = | 80 × 30 = |
| 7 × 900 = | 8 × 460 = | 4 × 630 = | 60 × 80 = | 40 × 40 = |
| 4 × 800 = | 5 × 290 = | 6 × 380 = | 90 × 40 = | 90 × 70 = |
| 6 × 300 = | 7 × 320 = | 8 × 270 = | 50 × 60 = | 70 × 60 = |
| 3 × 700 = | 6 × 540 = | 5 × 620 = | 70 × 50 = | 20 × 90 = |
| 8 × 600 = | 4 × 750 = | 7 × 460 = | 30 × 80 = | 80 × 50 = |

## Division.

Beispiele:

1) 1 280 : 2 = ?
1 200 : 2 = 600
80 : 2 = 40
1 280 : 2 = 640

2) 1 540 : 2 = ?
1 400 : 2 = 700
140 : 2 = 70
1 540 : 2 = 770

| 6. | 7. | 8. | 9. | 10. |
|---|---|---|---|---|
| 3 500 : 5 = | 1 280 : 2 = | 1 540 : 2 = | 2 040 : 3 = | 2 400 : 60 = |
| 4 800 : 8 = | 3 570 : 7 = | 2 340 : 3 = | 4 340 : 7 = | 1 800 : 30 = |
| 1 200 : 4 = | 4 080 : 8 = | 4 380 : 6 = | 3 160 : 4 = | 6 300 : 70 = |
| 1 800 : 9 = | 1 640 : 2 = | 2 160 : 4 = | 1 504 : 8 = | 2 800 : 40 = |
| 1 600 : 2 = | 4 590 : 9 = | 5 200 : 8 = | 1 776 : 2 = | 8 100 : 90 = |
| 2 500 : 5 = | 2 760 : 3 = | 3 800 : 5 = | 1 485 : 9 = | 3 000 : 50 = |
| 6 300 : 7 = | 3 050 : 5 = | 5 040 : 9 = | 3 965 : 5 = | 1 600 : 20 = |
| 2 700 : 3 = | 1 860 : 2 = | 1 960 : 2 = | 4 356 : 6 = | 5 600 : 80 = |
| 3 600 : 6 = | 2 480 : 4 = | 2 340 : 6 = | 2 956 : 4 = | 4 200 : 70 = |
| 6 400 : 8 = | 4 270 : 7 = | 2 820 : 3 = | 4 632 : 8 = | 2 100 : 30 = |

## Aufgaben für das schriftliche Rechnen.

### III. Multiplikation.

11) 765*) × 2**) = 1 530***)
12) 938 × 3
13) 685 × 4
14) 876 × 5
15) 492 × 6
16) 747 × 7

17) 562 × 8
18) 346 × 9
19) 2 317 × 2
20) 4 536 × 3
21) 8 145 × 4

22) 3 748 × 5
23) 6 529 × 6
24) 7 394 × 7
25) 8 056 × 8
26) 6 309 × 9

*) Multiplikandus. **) Multiplikator. ***) Produkt.

1) 13 709 × 2, 3, 4, 5, 6, 7, 8, 9 =
2) 209 508 × 2, 3, 4, 5, 6, 7, 8, 9 =
3) 1 543 722 × 2, 3, 4, 5, 6, 7, 8, 9 =
4) 4 203 859 × 2, 3, 4, 5, 6, 7, 8, 9 =
5) 885 372 × 2, 3, 4, 5, 6, 7, 8, 9 =
6) 634 089 × 2, 3, 4, 5, 6, 7, 8, 9 =

---

Beispiele:

| 1) | 2) |
|---|---|
| 4 865 | 13 420 |
| × 70 | × 50 |
| 340 550 | 671 000 |

| | | | | | |
|---|---|---|---|---|---|
| 7) 2 857 | 8) 5 642 | 9) 13 958 | 10) 17 471 | 11) 32 693 | |
| × 20 | × 50 | × 70 | × 90 | × 30 | |
| 12) 28 567 | 13) 12 836 | 14) 77 548 | 15) 8 640 | 16) 7 970 | |
| × 80 | × 40 | × 60 | × 30 | × 50 | |
| 17) 3 580 | 18) 2 960 | 19) 24 070 | 20) 63 580 | 21) 52 700 | 22) 93 600 |
| × 70 | × 90 | × 20 | × 40 | × 60 | × 80 |

23) 438 × 10, 20, 30, 40, 50, 60, 70, 80, 90 =
24) 795 × 10, 20 bis 90 =
25) 6 804 × 10, 20 bis 90 =
26) 9 437 × 10, 20 bis 90 =
27) 5 628 × 10, 20 bis 90 =
28) 14 209 × 10, 20 bis 90 =
29) 56 042 × 10, 20 bis 90 =
30) 43 683 × 10, 20 bis 90 =
31) 76 542 × 10, 20 bis 90 =
32) 103 208 × 10, 20 bis 90 =
33) 470 836 × 10, 20 bis 90 =
34) 234 057 × 10, 20 bis 90 =
35) 562 109 × 10, 20 bis 90 =
36) 305 824 × 10, 20 bis 90 =
37) 370 × 10, 20 bis 90 =
38) 6 850 × 10, 20 bis 90 =
39) 9 430 × 10, 20 bis 90 =
40) 13 270 × 10, 20 bis 90 =
41) 44 820 × 10, 20 bis 90 =
42) 207 400 × 10, 20 bis 90 =

---

1) 6 734 × 300 2) 8 972 × 700 3) 46 374 × 900 4) 85 360 × 600

5) 74 030 × 200 6) 60 530 × 400 7) 97 650 × 800 8) 29 500 × 500

9) 17 060 × 600 10) 94 300 × 800 11) 64 530 × 700 12) 12 468 × 400

13) 4 293 × 5 000 14) 2 785 × 2 000 15) 9 374 × 8 000 16) 3 958 × 4 000 17) 7 203 × 6 000

18) 7 684 × 100, 200, 300, 400 bis 900 =
19) 5 039 × 100, 200, 300, 400 bis 900 =
20) 8 621 × 100, 200, 300, 400 bis 900 =
21) 1 573 × 1000, 2000, 3000, 4000 bis 9000 =
22) 3 059 × 1000, 2000, 3000, 4000 bis 9000 =
23) 6 287 × 1000, 2000, 3000, 4000 bis 9000 =

---

Beispiele:

| 1) | 2) | 3) |
|---|---|---|
| 783 | 1 609 | 7 432 |
| × 47 | × 324 | × 1 350 |
| 5 481 | 6 436 | 371 600 |
| 31 32 | 32 18 | 2 229 6 |
| 36 801 | 482 7 | 7 432 |
| | 521 316 | 10 033 200 |

24) 548 × 23 25) 927 × 59 26) 385 × 38 27) 692 × 71 28) 816 × 86

29) 6 719 × 75 30) 3 579 × 28 31) 4 682 × 36 32) 8 364 × 49 33) 5 276 × 93

---

| | | | | | | | |
|---|---|---|---|---|---|---|---|
| 34) | 975 × | a) 37 | b) 48 | c) 59 | d) 64 | e) 73 | f) 86 = |
| 35) | 6 238 × | a) 34 | b) 45 | c) 56 | d) 69 | e) 78 | f) 92 = |
| 36) | 3 506 × | a) 38 | b) 43 | c) 54 | d) 63 | e) 76 | f) 89 = |
| 37) | 5 670 × | a) 27 | b) 36 | c) 47 | d) 58 | e) 67 | f) 96 = |
| 38) | 18 290 × | a) 53 | b) 87 | c) 29 | d) 74 | e) 49 | f) 54 = |
| 39) | 16 948 × | a) 32 | b) 26 | c) 57 | d) 78 | e) 95 | f) 64 = |

---

| | | | | | | |
|---|---|---|---|---|---|---|
| 40) | 372 × | a) 265 | b) 743 | c) 158 | d) 797 | e) 342 = |
| 41) | 3 958 × | a) 792 | b) 468 | c) 173 | d) 594 | e) 629 = |
| 42) | 5 072 × | a) 185 | b) 336 | c) 725 | d) 162 | e) 885 = |

| | | | | | |
|---|---|---|---|---|---|
| 1) 6 804 × | a) 344 | b) 671 | c) 542 | d) 382 | e) 935 = |
| 2) 20 386 × | a) 567 | b) 329 | c) 475 | d) 791 | e) 446 = |
| 3) 74 051 × | a) 295 | b) 599 | c) 784 | d) 328 | e) 493 = |

---

| | | | | |
|---|---|---|---|---|
| 4) 3 542 × | a) 5 423 | b) 1 618 | c) 7 325 | d) 3 294 = |
| 5) 7 630 × | a) 1 548 | b) 2 394 | c) 2 491 | d) 2 531 = |
| 6) 8 095 × | a) 2 717 | b) 6 543 | c) 3 625 | d) 8 459 = |
| 7) 4 307 × | a) 8 492 | b) 9 742 | c) 8 764 | d) 1 527 = |
| 8) 15 254 × | a) 3 624 | b) 1 275 | c) 5 329 | d) 3 493 = |
| 9) 23 891 × | a) 2 758 | b) 8 642 | c) 4 671 | d) 6 543 = |

---

| | | | | | |
|---|---|---|---|---|---|
| 10) 349 × | a) 430 | b) 760 | c) 950 | d) 320 | e) 680 = |
| 11) 592 × | a) 370 | b) 840 | c) 270 | d) 580 | e) 940 = |
| 12) 807 × | a) 710 | b) 630 | c) 870 | d) 490 | e) 340 = |

| | | | | |
|---|---|---|---|---|
| 13) 1 728 × | a) 3 270 | b) 6 850 | c) 5 430 | d) 1 230 = |
| 14) 2 935 × | a) 5 480 | b) 9 730 | c) 7 890 | d) 6 420 = |
| 15) 6 861 × | a) 1 630 | b) 3 450 | c) 6 740 | d) 7 490 = |

---

Beispiele:

1) 3 962
× 305
19 810
1 188 6
1 208 410

2) 1 273
× 4 025
6 365
25 46
5 092
5 123 825

3) 5 084
× 6 003
15 252
30 504
30 519 252

| | | | | | |
|---|---|---|---|---|---|
| 16) 5 953 × | a) 607 | b) 208 | c) 509 | d) 806 | e) 405 = |
| 17) 6 207 × | a) 902 | b) 603 | c) 401 | d) 108 | e) 506 = |
| 18) 3 480 × | a) 306 | b) 207 | c) 509 | d) 804 | e) 708 = |
| 19) 2 317 × | a) 702 | b) 508 | c) 309 | d) 602 | e) 209 = |
| 20) 15 208 × | a) 904 | b) 302 | c) 607 | d) 204 | e) 805 = |
| 21) 26 945 × | a) 306 | b) 704 | c) 405 | d) 806 | e) 609 = |

---

| | | | | |
|---|---|---|---|---|
| 22) 7 833 × | a) 8 005 | b) 3 007 | c) 5 006 | d) 7 004 = |
| 23) 6 428 × | a) 2 005 | b) 7 035 | c) 5 603 | d) 9 057 = |
| 24) 5 219 × | a) 8 004 | b) 6 008 | c) 8 207 | d) 5 608 = |
| 25) 13 468 × | a) 6 007 | b) 2 309 | c) 6 068 | d) 1 027 = |
| 26) 24 731 × | a) 3 009 | b) 5 067 | c) 3 029 | d) 4 007 = |
| 27) 36 079 × | a) 8 065 | b) 3 005 | c) 5 603 | d) 3 904 = |

---

| | | | | | |
|---|---|---|---|---|---|
| 1) | 75 684 × | a) 39 516 | b) 57 432 | c) 18 642 | d) 37 251 = |
| 2) | 84 700 × | a) 70 804 | b) 60 307 | c) 20 503 | d) 90 807 = |
| 3) | 31 628 × | a) 80 073 | b) 56 008 | c) 37 200 | d) 16 004 = |
| 4) | 54 032 × | a) 50 008 | b) 60 009 | c) 85 000 | d) 94 007 = |
| 5) | 63 804 × | a) 70 600 | b) 30 507 | c) 48 003 | d) 40 302 = |
| 6) | 95 621 × | a) 86 040 | b) 65 903 | c) 20 068 | d) 76 002 = |

---

| | | | | | |
|---|---|---|---|---|---|
| 7) | 105 208 × | a) 693 | b) 8 094 | c) 709 | d) 115 008 = |
| 8) | 213 974 × | a) 6 009 | b) 3 700 | c) 893 | d) 6 002 = |
| 9) | 524 311 × | a) 748 | b) 60 704 | c) 6 204 | d) 2 854 = |
| 10) | 5 829 × | a) 3 816 | b) 2 900 | c) 3 085 | d) 9 807 = |
| 11) | 17 630 × | a) 508 | b) 7 009 | c) 1 943 | d) 1 884 = |
| 12) | 300 960 × | a) 2 704 | b) 384 | c) 70 085 | d) 42 819 = |

---

## IV. Division.

Beispiele:

1) $19^{1}536$ *) : 3 **)
= 6 512 ***)

2) $27^{2}9^{4}4^{4}7 : 5$
= 5 5 8 9 R. 2

13) 6 248 : 2  14) 1 272 : 3  15) 3 648 : 4  16) 1 810 : 5

17) 2 352 : 6  18) 4 347 : 7  19) 1 976 : 8  20) 5 067 : 9

21) 20 568 : 6  22) 38 358 : 9  23) 21 072 : 4  24) 6 783 : 7

25) 18 694 : 2  26) 39 615 : 5  27) 51 037 : 7  28) 105 472 : 2

29) 3 965 : 5  30) 38 466 : 9  31) 7 800 : 8  32) 17 358 : 6

33) 42 525 : 9  34) 55 671 : 7

35) 8 516 : 2, 3, 4, 5, 6, 7, 8, 9 =
36) 17 427 : 2, 3, 4 bis 9 =
37) 58 919 : 2, 3, 4 bis 9 =
38) 77 324 : 2, 3, 4 bis 9 =
39) 516 459 : 2, 3, 4 bis 9 =
40) 123 746 : 2, 3, 4 bis 9 =
41) 845 823 : 2, 3, 4 bis 9 =
42) 703 608 : 2, 3, 4 bis 9 =
43) 960 047 : 2, 3, 4 bis 9 =

---

*) Dividendus. **) Divisor. ***) Quotient.

Beispiele:

1) 25830 : 10 = 2583 2) 17845 : 10 = 1784 R. 5 3) $23^{2}9^{2}40 : 30$ = 7 9 8

4) $5^{1}9^{1}47 : 20$ = 2 9 7 R. 7 5) $6^{1}57^{2}8 : 50$ = 1 31 R. 28 6) $5^{1}9^{3}8^{2}3^{3}25 : 400$ = 1 4 9 5 R. 325

1) 7 530 : 10 2) 8 970 : 10 3) 9 580 : 10 4) 2 690 : 10

5) 17 239 : 10 6) 460 813 : 10 7) 55 945 : 10 8) 717 437 : 10

9) 8 639 : 10 10) 7 458 : 10 11) 3 426 : 10 12) 9 365 : 10

13) 23 940 : 30 14) 65 960 : 40 15) 32 950 : 50 16) 10 430 : 70

17) 6 940 : 20 18) 23 940 : 30 19) 157 800 : 40 20) 43 450 : 50

21) 16 140 : 60 22) 262 780 : 70 23) 437 760 : 80 24) 71 910 : 90

25) 9 120 : 20 26) 217 080 : 30 27) 31 640 : 40 28) 45 650 : 50

29) 139 080 : 60 30) 344 470 : 70 31) 296 320 : 80 32) 22 230 : 90

33) 123 647 : 20 34) 110 565 : 30 35) 321 687 : 40 36) 421 809 : 50

37) 288 863 : 60 38) 68 055 : 70 39) 41 387 : 80 40) 58 446 : 90

41) 8 562 : 10, 20, 30, 40, 50, 60, 70, 80, 90 =
42) 9 849 : 10, 20, 30, 40 bis 90 =
43) 24 972 : 10, 20, 30, 40 bis 90 =
44) 76 418 : 10, 20, 30, 40 bis 90 =
45) 528 394 : 10, 20, 30, 40 bis 90 =
46) 276 083 : 10, 20, 30, 40 bis 90 =
47) 87 654 : 100, 200, 300, 400 bis 900 =
48) 40 732 : 100, 200, 300, 400 bis 900 =
49) 96 581 : 100, 200, 300, 400 bis 900 =
50) 340 708 : 100, 200, 300, 400 bis 900 =
51) 7 594 305 : 1000, 2000, 3000, 4000 bis 9000 =
52) 3 127 432 : 1000, 2000, 3000, 4000 bis 9000 =
53) 4 807 364 : 1000, 2000, 3000, 4000 bis 9000 =

Beispiele: mit Probe:

```
1) 160 548 : 51 = 3 148
   153
   ---
    75
    51
   ---
    244
    204
    ---
     408
     408
     ---
```

```
2) 59 7 6 3 : 182 = 328        328
   54 6                       × 182
   ----                       -----
    5.1 6                       656
    3 6 4                     26 24
    -----                     32 8
    1 5.2.3                     + 67
    1 4 5 6                   ------
    -------                   59 763
    R. 6 7
```

1) 5 922 : 21 = 2) 22 475 : 31 = 3) 7 667 : 41 =
4) 19 992 : 51 = 5) 147 193 : 61 = 6) 53 676 : 71 =
7) 39 528 : 81 = 8) 575 484 : 91 = 9) 9 526 : 22 =
10) 22 976 : 32 = 11) 176 946 : 42 = 12) 39 468 : 52 =
13) 564 448 : 62 = 14) 12 168 : 72 = 15) 5 330 : 82 =
16) 37 076 : 92 = 17) 9 334 : 13 = 18) 13 497 : 33 =
19) 35 669 : 53 = 20) 51 684 : 73 = 21) 63 054 : 93 =
22) 13 368 : 24 = 23) 8 140 : 44 = 24) 40 896 : 64 =
25) 76 608 : 84 = 26) 7 725 : 15 = 27) 31 860 : 45 =
28) 35 100 : 75 = 29) 89 300 : 95 = 30) 36 324 : 36 =
31) 52 074 : 66 = 32) 80 668 : 86 = 33) 9 316 : 17 =
34) 37 835 : 47 = 35) 41 811 : 77 = 36) 46 560 : 97 =
37) 90 126 : 18 = 38) 19 266 : 38 = 39) 12 172 : 68 =
40) 77 792 : 88 = 41) 17 271 : 19 = 42) 24 853 : 29 =
43) 27 612 : 59 = 44) 63 516 : 79 = 45) 93 852 : 99 =

---

| | | | | | | | |
|---|---|---|---|---|---|---|---|
| 46) | 3 954 081 : | a) 31 | b) 41 | c) 51 | d) 61 | e) 17 | f) 93 = |
| 47) | 171 864 : | a) 21 | b) 31 | c) 42 | d) 62 | e) 72 | f) 93 = |
| 48) | 1 356 264 : | a) 39 | b) 52 | c) 63 | d) 56 | e) 84 | f) 92 = |
| 49) | 1 147 608 : | a) 36 | b) 46 | c) 56 | d) 66 | e) 18 | f) 28 = |
| 50) | 3 147 312 : | a) 38 | b) 48 | c) 58 | d) 68 | e) 29 | f) 34 = |
| 51) | 2 593 227 : | a) 39 | b) 49 | c) 59 | d) 69 | e) 13 | f) 23 = |
| 52*) | 1 220 618 : | a) 27 | b) 34 | c) 58 | d) 62 | e) 79 | f) 85 = |
| 53) | 3 735 840 : | a) 19 | b) 28 | c) 37 | d) 46 | e) 55 | f) 64 = |

---

| | | | | | | |
|---|---|---|---|---|---|---|
| 54) | 7 427 742 : | a) 101 | b) 102 | c) 103 | d) 303 | e) 618 = |
| 55) | 1 157 520 : | a) 104 | b) 105 | c) 106 | d) 312 | e) 364 = |
| 56) | 6 298 020 : | a) 107 | b) 108 | c) 109 | d) 321 | e) 963 = |
| 57) | 2 893 800 : | a) 104 | b) 105 | c) 106 | d) 318 | e) 312 = |
| 58) | 3 778 812 : | a) 107 | b) 108 | c) 109 | d) 321 | e) 324 = |

*) Nr. 52 und 53 **mit** Rest.

1) 837 168 : a) 163 b) 214 c) 321 d) 326 e) 428 =
2) 1 550 016 : a) 144 b) 192 c) 288 d) 576 e) 897 =
3*) 162 931 : a) 378 b) 182 c) 586 d) 287 e) 388 =
4) 503 072 : a) 291 b) 492 c) 594 d) 695 e) 795 =
5) 654 930 : a) 397 b) 896 c) 498 d) 199 e) 997 =

---

6) 1 823 943 : a) 1 003 b) 2 003 c) 4 005 d) 7 003 e) 6 009 =
7) 3 406 387 : a) 3 014 b) 5 027 c) 8 074 d) 3 059 e) 7 068 =
8) 6 512 763 : a) 1 125 b) 2 136 c) 4 157 d) 6 218 e) 5 327 =
9) 1 240 734 : a) 2 463 b) 5 578 c) 7 631 d) 4 719 e) 9 813 =
10) 7 162 848 : a) 1 197 b) 1 224 c) 1 368 d) 1 496 e) 3 876 =
11) 10 850 112 : a) 1 288 b) 1 638 c) 2 093 d) 2 184 e) 2 898 =

---

12) 10 447 534 : 1 858 =
13) 58 397 664 : 1 248 =
14) 24 500 817 : 8 469 =
15) 630 460 912 : 8 234 =
16) 102 512 880 : 8 304 =
17) 302 543 748 : 5 382 =
18) 45 059 490 : 4 415 =
19) 458 533 757 : 5 137 =
20) 180 974 470 : 1 945 =
21) 465 239 810 : 7 063 =
22) 448 836 290 : 18 235 =
23) 139 139 841 : 16 287 =
24) 334 047 636 : 24 613 =
25) 163 387 980 : 28 035 =
26) 397 262 892 : 13 206 =
27) 172 335 450 : 23 447 =
28) 189 989 738 : 32 723 =
29) 308 459 613 : 63 041 =
30) 322 643 880 : 23 304 =
31) 676 366 509 : 42 963 =

---

32) (428 930 + 250 607 + 19 336 + 4 986 + 79 366 + 519 377) : 826 =
33) (366 + 1 528 909 + 74 216 + 88 993 + 917 606 + 75 579) : 6 731 =
34) (944 620 + 156 + 206 308 + 4 621 + 916 832 + 1 234 567) : 45 932 =
35) (2 000 000 — 138 728) : 3 693 =
36) (2 734 909 — 523) : 5 673 =
37) (84 757 443 — 95 862) : 1 607 =
38) (1 296 × 864) : 72 =
39) (86 580 × 3 996) : 195 =
40) (5 310 : 118) × 680 =
41) (735 × 108) : 147 =
42) (837 168 : 326) × 709 =
43) (450 × 79) : 237 =
44) (399 441 : 483) × 526 =
45) (592 128 : 192) × 1 807 =
46) (5 549 188 : 562) × 748 =

*) Nr. 3 bis 9 **mit** Rest.

## V. Das Rechnen mit benannten Zahlen.

### a. Münzen:

Mark = M | Pfennig = ₰ | 1 M = 100 ₰

### b. Zählmaße:

| | |
|---|---|
| Gros = Grs. | 1 Grs. = 12 Dtz. |
| Dutzend = Dtz. | 1 Dtz. = 12 Stck. |
| Stück = Stck. | 1 Grs. = 144 Stck. |

| | |
|---|---|
| Schock = Schck. | 1 Schck. = 4 Mdl. |
| Mandel = Mdl. | 1 Mdl. = 15 Stck. |
| Stück = Stck. | 1 Schck. = 60 Stck. |

| | |
|---|---|
| Ballen = Bll. | 1 Bll. = 10 Rs. |
| Ries = Rs. | 1 Rs. = 10 Bch. |
| Buch = Bch. | 1 Bch. = 100 Bg. |
| Bogen = Bg. | 1 Rs. = 1 000 Bg. |

### c. Zeitmaße:

| | |
|---|---|
| Jahr = Jhr. | 1 Jhr. = 12 Mon. |
| Monat = Mon. | 1 " = 52 Wch. |
| Woche = Wch. | 1 " = 365 Tg. |
| Tag = Tg. | 1 Mon. = 30 Tg. |
| Stunde = Std. | 1 Wch. = 7 Tg. |
| Minute = Min. | 1 Tg. = 24 Std. |
| Sekunde = Sk. | 1 Std. = 60 Min. |
| | 1 Min. = 60 Sk. |

### d. Längenmaße:

| | |
|---|---|
| Meter = m | 1 km = 1 000 m |
| Kilometer = km | 1 m = 100 cm |
| Centimeter = cm | 1 cm = 10 mm |
| Millimeter = mm | |

### e. Flächenmaße:

| | |
|---|---|
| Quadratmeter = qm | 1 qkm = 100 ha |
| Quadratkilometer = qkm | 1 ha = 100 a |
| Hektar = ha | 1 a = 100 qm |
| Ar = a | 1 qm = 10 000 qcm |
| Quadratcentimeter = qcm | 1 qcm = 100 qmm |
| Quadratmillimeter = qmm | |

### f. Körpermaße:

| | | |
|---|---|---|
| Kubikmeter | = cbm | 1 cbm = 1 000 000 ccm |
| Kubikcentimeter | = ccm | 1 ccm = 1 000 cmm |
| Kubikmillimeter | = cmm | 1 hl = 100 l |
| Liter | = l | |
| Hektoliter | = hl | |

### g. Gewichte:

| | | |
|---|---|---|
| Gramm | = g | 1 t = 1 000 kg |
| Kilogramm | = kg | 1 kg = 1 000 g |
| Tonne | = t | 1 g = 1 000 mg |
| Milligramm | = mg | |

## 1. Resolvieren*).

### a. Mündliche Übungen.

| 1) | 2) | 3) |
|---|---|---|
| 1 M = ? ₰ | 37 M = ? ₰ | 400 M = ? ₰ |
| 6 „ = | 65 „ = | 93 „ = |
| 9 „ = | 88 „ = | 770 „ = |
| 15 „ = | 136 „ = | 99 „ = |
| 19 „ = | 255 „ = | 100 „ = |
| 23 „ = | 300 „ = | 500 „ = |
| 17 „ = | 360 „ = | 880 „ = |

| 4) | 5) | 6) |
|---|---|---|
| 1,00 M = ? ₰ | 6,85 M = ? ₰ | 10,00 M = ? ₰ |
| 1,25 „ = | 2,05 „ = | 3,59 „ = |
| 1,70 „ = | 7,09 „ = | 9,04 „ = |
| 4,65 „ = | 3,06 „ = | 10,16 „ = |
| 3,18 „ = | 1,07 „ = | 4,70 „ = |
| 7,43 „ = | 5,01 „ = | 10,85 „ = |
| 9,86 „ = | 2,04 „ = | 7,98 „ = |

| 7) | 8) | 9) |
|---|---|---|
| 1 Grs. = ? Dtz. | 1 Dtz. = ? Stck. | 1 Grs. 3 Dtz. = ? Dtz. |
| 4 „ = | 5 „ = | 3 „ 7 „ = |
| 7 „ = | 8 „ = | 5 „ 2 „ = |
| 9 „ = | 11 „ = | 9 „ 8 „ = |
| 12 „ = | 2 „ = | 7 „ 11 „ = |
| 6 „ = | 7 „ = | 10 „ 6 „ = |
| 10 „ = | 9 „ = | 8 „ 4 „ = |

| 10) | 11) |
|---|---|
| 4 Dtz. 3 Stck. = ? Stck. | 1 Schck. = ? Mdl. |
| 2 „ 7 „ = | 7 „ = |
| 9 „ 4 „ = | 9 „ = |
| 5 „ 10 „ = | 13 „ = |
| 1 „ 8 „ = | 15 „ = |
| 7 „ 2 „ = | 20 „ = |
| 8 „ 9 „ = | 75 „ = |

*) Resolvieren heißt: Höhere Sorten in niedere auflösen.

1) 1 Mdl. = ? Stck.
3 „ =
7 „ =
9 „ =
4 „ =
8 „ =
2 „ =

2) 1 Schck. = ? Stck.
4 „ =
7 „ =
2 „ =
9 „ =
3 „ =
10 „ =

3) 2 Schck. 3 Mdl. = ? Mdl.
5 „ 1 „ =
8 „ 2 „ =
7 „ 3 „ =
10 „ 2 „ =
25 „ 1 „ =
36 „ 3 „ =

4) 4 Mdl. 10 Stck. = ? Stck.
2 „ 7 „ =
8 „ 5 „ =
10 „ 12 „ =
7 „ 8 „ =
3 „ 14 „ =
9 „ 6 „ =

5) 2 Schck. 40 Stck. = ? Stck.
4 „ 5 „ =
7 „ 18 „ =
3 „ 50 „ =
8 „ 9 „ =
10 „ 13 „ =
5 „ 35 „ =

6) 1 Bll. = ? Rs.
6 „ =
3 „ =
15 „ =
20 „ =
37 „ =
100 „ =

7) 1 Rs. = ? Bch.
4 „ =
9 „ =
13 „ =
18 „ =
75 „ =
120 „ =

8) 1 Bch. = ? Bg.
5 „ =
3 „ =
17 „ =
39 „ =
84 „ =
110 „ =

9) 3 Bll. 5 Rs. = ? Rs.
10 „ 8 „ =
14 Rs. 3 Bch. = ? Bch.
20 „ 9 „ =
4 Bch. 6 Bg. = ? Bg.
6 „ 18 „ =
48 „ 20 „ =

10) 1 Jhr. = ? Mon.
7 „ =
3 „ =
9 „ =
12 „ =
15 „ =
20 „ =

11) 1 Mon. = ? Tg.
6 „ =
9 „ =
12 „ =
15 „ =
30 „ =
50 „ =

12) 1 Jhr. = ? Wch.
3 „ =
5 „ =
2 „ =
7 „ =
4 „ =
6 „ =

13) 1 Wch. = ? Tg.
6 „ =
8 „ =
14 „ =
20 „ =
24 „ =
30 „ =

1) 1 Tg. = ? Std.
7 〃 =
3 〃 =
9 〃 =
6 〃 =
4 〃 =
10 〃 =

2) 1 Std. = ? Min.
6 〃 =
8 〃 =
4 〃 =
7 〃 =
10 〃 =
12 〃 =

3) 1 Min. = ? Sk.
4 〃 =
9 〃 =
2 〃 =
5 〃 =
11 〃 =
15 〃 =

4) 3 Jhr. 4 Mon. = ? Mon.
7 〃 10 〃 =
9 〃 8 〃 =
7 Mon. 4 Tg. = ? Tg.
10 〃 18 〃 =
4 〃 25 〃 =
4 Jhr. 7 Wch. = ? Wch.
2 〃 20 〃 =
5 〃 30 〃 =

5) 4 Wch. 6 Tg. = ? Tg.
6 〃 4 〃 =
9 〃 3 〃 =
3 Tg. 10 Std. = ? Std.
6 〃 15 〃 =
8 〃 22 〃 =
5 Std. 40 Min. = ? Min.
7 〃 58 〃 =
9 〃 6 〃 =

6) 3 Min. 20 Sk. = ? Sk.
9 Tg. 18 Std. = ? Std.
10 Jhr. 10 Mon. = ? Mon.
8 Wch. 5 Tg. = ? Tg.
6 Min. 59 Sek. = ? Sk.
3 Std. 10 Min. = ? Min.
18 Mon. 15 Tg. = ? Tg.
2 Jhr. 70 Tg. = ? Tg.
10 Wch. 3 Tg. = ? Tg.

7) 1 m = ? cm
8 〃 =
15 〃 =
1 cm = ? mm
19 〃 =
75 〃 =
106 〃 =

8) 1 km = ? m
5 〃 =
13 〃 =
65 〃 =
107 〃 =
215 〃 =
986 〃 =

9) 1 qkm = ? ha
7 〃 =
54 〃 =
1 ha = ? a
25 〃 =
316 〃 =
532 〃 =

10) 1 a = ? qm
46 〃 =
211 〃 =
1 qm = ? qcm
4 〃 =
1 qcm = ? qmm
153 〃 =

11) 1 cbm = ? ccm
4 〃 =
7 〃 =
1 ccm = ? cmm
15 〃 =
1 hl = ? l
378 〃 =

| | |
|---|---|
| 1) 1 g = ? mg | 2) 5 cm 8 mm = ? mm |
| 207 " = | 13 " 4 " = |
| 1 kg = ? g | 4 km 47 m = ? m |
| 18 " = | 7 " 255 " = |
| 1 t = ? kg | 15 ha 68 a = ? a |
| 9 " = | 33 " 7 " = |
| 127 " = | 82 kg 815 g = ? g |

---

### b. Schriftliche Übungen.

Beispiele:

1) 287 Grs. 85 Stck. = ? Stck.
× 144
1 148
11 48
28 7
41 328 Stck.
+ 85 "
= 41 413 Stck.

2) 13 Jhr. 5 Mon. 6 Tg. 13 Std. 45 Min. = ? Min.
× 12 + 5 Mon.
161 Mon.
× 30 + 6 Tg.
4 836 Tg.
× 24 + 13 Std.
116 077 Std.
× 60 + 45 Min.
= 6 964 665 Min.

| | |
|---|---|
| 3) 308 Grs. 17 Stck. = ? Stck. | 8) 29 Grs. 7 Dtz. = ? Dtz. |
| 4) 459 " 120 " = | 9) 87 " 4 " = |
| 5) 784 " 64 " = | 10) 114 " 8 " = |
| 6) 279 " 37 " = | 11) 257 " 1 " = |
| 7) 832 " 125 " = | 12) 609 " 11 " = |

13) 17 Grs. 5 Dtz. 9 Stck. = ? Stck.
14) 94 " 7 " 10 " =
15) 105 " 11 " 4 " =
16) 218 " 8 " 2 " =
17) 432 " 3 " 5 " =

| | | | | | | |
|---|---|---|---|---|---|---|
| 1) | 85 | Schck. | 45 | Stck. | = ? Stck. | |
| 2) | 97 | " | 8 | " | = | |
| 3) | 215 | " | 53 | " | = | |
| 4) | 764 | " | 32 | " | = | |
| 5) | 529 | " | 6 | " | = | |

| | | | | | | | |
|---|---|---|---|---|---|---|---|
| 6) | 18 | Schck. | 2 | Mdl. | 12 | Stck. | = ? Stck. |
| 7) | 64 | " | 1 | " | 7 | " | = |
| 8) | 83 | " | 3 | " | 10 | " | = |
| 9) | 117 | " | 2 | " | 8 | " | = |
| 10) | 286 | " | 1 | " | 4 | " | = |

| | | | | | | | |
|---|---|---|---|---|---|---|---|
| 11) | 21 | Bll. | 5 | Rs. | 8 | Bch. | = ? Bch. |
| 12) | 34 | " | 9 | " | 2 | " | = |
| 13) | 87 | " | 3 | " | 4 | " | = |
| 14) | 123 | " | 8 | " | 9 | " | = |
| 15) | 465 | " | 4 | " | 6 | " | = |

| | | | | | | | |
|---|---|---|---|---|---|---|---|
| 16) | 9 | Rs. | 2 | Bch. | 23 | Bg. | = ? Bg. |
| 17) | 4 | " | 8 | " | 13 | " | = |
| 18) | 7 | " | 5 | " | 9 | " | = |
| 19) | 2 | " | 7 | " | 20 | " | = |
| 20) | 8 | " | 9 | " | 5 | " | = |
| 21) | 6 | " | 3 | " | 21 | " | = |

| | | | | | | | | | |
|---|---|---|---|---|---|---|---|---|---|
| 22) | 17 | Bll. | 8 | Rs. | 7 | Bch. | 13 | Bg. | = ? Bg. |
| 23) | 23 | " | 4 | " | 8 | " | 9 | " | = |
| 24) | 18 | " | 2 | " | 5 | " | 20 | " | = |
| 25) | 35 | " | 9 | " | 7 | " | 5 | " | = |
| 26) | 9 | " | 3 | " | 4 | " | 22 | " | = |
| 27) | 16 | " | 7 | " | 9 | " | 7 | " | = |

| | | | | | | | |
|---|---|---|---|---|---|---|---|
| 28) | 12 | Jhr. | 3 | Mon. | 17 | Tg. | = ? Tg. |
| 29) | 25 | " | 10 | " | 25 | " | = |
| 30) | 18 | " | 4 | " | 6 | " | = |
| 31) | 36 | " | 8 | " | 14 | " | = |
| 32) | 41 | " | 11 | " | 27 | " | = |

| | | | | | |
|---|---|---|---|---|---|
| 33) | 8 | Jhr. | 46 | Wch. | = ? Wch. |
| 34) | 15 | " | 7 | " | = |
| 35) | 23 | " | 18 | " | = |
| 36) | 34 | " | 9 | " | = |
| 37) | 45 | " | 50 | " | = |

| | | | | | |
|---|---|---|---|---|---|
| 1) | 3 Jhr. | 214 Tg. | 16 Std. | = ? Std. |
| 2) | 7 „ | 105 „ | 12 „ | = |
| 3) | 10 „ | 17 „ | 9 „ | = |
| 4) | 18 Tg. | 20 Std. | 35 Min. | = ? Min. |
| 5) | 24 „ | 8 „ | 54 „ | = |
| 6) | 28 „ | 21 „ | 7 „ | = |
| 7) | 9 Std. | 46 Min. | 13 Sk. | = ? Sk. |
| 8) | 13 „ | 58 „ | 58 „ | = |
| 9) | 18 „ | 32 „ | 25 „ | = |

| | | |
|---|---|---|
| 10) 37 Jhr. = ? Std. | 12) 62 Tg. = ? Sk. | 14) 48 Wch. = ? Min. |
| 11) 100 „ = | 13) 120 „ = | 15) 51 „ = |

| | | | | | | |
|---|---|---|---|---|---|---|
| 16) | 9 Jhr. | 7 Mon. | 15 Tg. | 8 Std. | 13 Min. | = ? Min. |
| 17) | 12 „ | 4 „ | 24 „ | 10 „ | 42 „ | = |
| 18) | 16 „ | 10 „ | 9 „ | 21 „ | 58 „ | = |

---

## 2. Reduzieren*).

### a. Mündliche Übungen.

| | | |
|---|---|---|
| 19) 100 ₰ = ? M | 20) 307 ₰ = ? M u. ₰ | 21) 895 ₰ = ? M u. ₰ |
| 300 „ = | 440 „ = | 1 607 „ = |
| 700 „ = | 475 „ = | 1 428 „ = |
| 400 „ = | 507 „ = | 2 914 „ = |
| 800 „ = | 570 „ = | 2 336 „ = |
| 1 000 „ = | 609 „ = | 4 811 „ = |
| 1 400 „ = | 615 „ = | 5 070 „ = |
| 3 700 „ = | 688 „ = | 8 109 „ = |
| 2 400 „ = | 708 „ = | 7 235 „ = |
| 5 200 „ = | 718 „ = | 9 460 „ = |

---

| | |
|---|---|
| 22) 96 Dtz. = ? Grs. u. Dtz. | 23) 72 Stck. = ? Dtz. u. Stck. |
| 120 „ = | 45 „ = |
| 192 „ = | 108 „ = |
| 75 „ = | 94 „ = |
| 104 „ = | 122 „ = |
| 150 „ = | 136 „ = |
| 24) 36 Mdl. = ? Schck. u. Mdl. | 25) 50 Stck. = ? Mdl. u. Stck. |
| 48 „ = | 82 „ = |
| 53 „ = | 120 „ = |
| 76 „ = | 136 „ = |
| 95 „ = | 70 „ = |
| 100 „ = | 142 „ = |

*) Reduzieren heißt: Niedere Sorten auf höhere zurückführen.

1) 190 Stck. = ? Schck. u. Stck.
82 " =
145 " =
360 " =
200 " =
435 " =

2) 17 Rs. = ? Bll. u. Rs.
85 " =
140 " =
268 " =
314 " =
427 " =

3) 85 Bch. = ? Rs. u. Bch.
140 " =
176 " =
212 " =
238 " =
159 " =

4) 260 Bg. = ? Bch. u. Bg.
194 " =
102 " =
333 " =
420 " =
644 " =

5) 7 850 Bg. = ? Rs. u. Bg.
15 000 " =
23 813 " =
65 424 " =
31 008 " =
77 400 " =

6) 18 Mon. = ? Jhr. u. Mon.
23 " =
44 " =
60 " =
105 " =
120 " =

7) 70 Tg. = ? Mon. u. Tg.
90 " =
140 " =
186 " =
214 " =
250 " =

8) 65 Wch. = ? Jhr. u. Wch.
82 " =
100 " =
156 " =
190 " =
204 " =

9) 13 Tg. = ? Wch. u. Tg.
35 " =
48 " =
69 " =
87 " =
116 " =

10) 40 Std. = ? Tg. u. Std.
72 " =
93 " =
106 " =
124 " =
246 " =

11) 80 Min. = ? Std. u. Min.
130 " =
155 " =
206 " =
248 " =
300 " =

12) 95 Sk. = ? Min. u. Sk.
128 " =
174 " =
200 " =
265 " =
324 " =

13) 1 187 Bg. = ? Rs. u. Bg.
237 Min. = ? Std. u. Min.
180 Stck. = ? Dtz. u. Stck.
96 Tg. = ? Wch. u. Tg.
340 Bch. = ? Rs. u. Bch.
57 Std. = ? Tg. u. Std.
128 Stck. = ? Mdl. u. Stck.
264 Mon. = ? Jhr. u. Mon.

14) 95 Dtz. = ? Grs. u. Dtz.
378 Sk. = ? Min. u. Sk.
400 Stck. = ? Schck. u. Stck.
57 Tg. = ? Wch. u. Tg.
417 Min. = ? Std. u. Min.
195 Tg. = ? Mon. u. Tg.
205 Stck. = ? Dtz. u. Stck.
126 Sk. = ? Min. u. Sk.

| | |
|---|---|
| 1) 400 cm = ? m u. cm | 2) 257 qm = ? a u. qm |
| 708 „ = | 508 „ = |
| 800 mm = ? cm u. mm | 717 a = ? ha u. a |
| 256 „ = | 1 060 „ = |
| 3 000 m = ? km u. m | 403 ha = ? qkm u. ha |
| 17 015 „ = | 2 855 „ = |

| | |
|---|---|
| 3) 7 518 cmm = ? ccm u. cmm | 4) 2 440 g = ? kg u. g |
| 25 800 „ = | 8 056 „ = |
| 80 090 „ = | 1 942 mg = ? g u. mg |
| 515 l = ? hl u. l | 93 578 „ = |
| 2 705 „ = | 6 520 kg = ? t u. kg |
| 35 421 „ = | 74 001 „ = |

---

## Schriftliche Übungen.

### Beispiele:

1) 2 719 Stck. = ? Schck., Mdl. u. Stck.

```
2 719 Stck. : 15 = 181 Mdl. : 4 = 45 Schck.
1 5                16
1 21               21
1 20               20
   19               1 Mdl.
   15
    4 Stck.
```

= 45 Schck. 1 Mdl. 4 Stck.

2) 156 719 Std. = ? Jhr., Mon., Tg. u. Std.

```
156 719 Std. : 24 = 6 529 Tg. : 30 = 217 Mon. : 12 = 18 Jhr.
144                 6                12
 12 7                5               97
 12 0                3               96
    71              22                1 Mon.
    48              21
    239              19 Tg.
    216
     23 Std.
```

= 18 Jhr. 1 Mon. 19 Tg. 23 Std.

| | |
|---|---|
| 5) 428 Dtz. = ? Grs. u. Dtz. | 11) 704 Stck. = ? Grs. u. Stck. |
| 6) 789 „ = | 12) 813 „ = |
| 7) 875 „ = | 13) 675 „ = |
| 8) 1 280 „ = | 14) 918 „ = |
| 9) 2 566 „ = | 15) 1 026 „ = |
| 10) 6 039 „ = | 16) 2 579 „ = |

1) 148 Stck. = ? Dtz. u. Stck.
2) 265 „ =
3) 788 „ =
4) 1 036 „ =
5) 2 583 „ =
6) 7 948 „ =

7) 188 Stck. = ? Grs., Dtz. u. Stck.
8) 743 „ =
9) 928 „ =
10) 1 637 „ =
11) 2 803 „ =
12) 5 799 „ =

13) 277 Stck. = ? Schck. u. Stck.
14) 823 „ =
15) 2 746 „ =
16) 7 908 „ =
17) 10 522 „ =
18) 129 313 „ =

19) 119 Stck. = ? Schck., Mdl. u. Stck.
20) 368 „ =
21) 574 „ =
22) 935 „ =
23) 2 784 „ =
24) 5 631 „ =

25) 782 Tg. = ? Jhr. u. Tg.
26) 958 „ =
27) 1 176 „ =
28) 1 380 „ =
29) 25 926 „ =
30) 86 807 „ =

31) 315 Tg. = ? Wch. u. Tg.
32) 452 „ =
33) 711 „ =
34) 386 „ =
35) 235 „ =
36) 1 842 „ =

37) 543 Min. = ? Std. u. Min.
38) 765 „ =
39) 1 344 „ =
40) 893 „ =
41) 2 615 „ =
42) 13 378 „ =

43) 4 816 Min. = ? Tg. Std. u. Min.
44) 7 059 „ =
45) 8 238 „ =
46) 14 562 „ =
47) 83 777 „ =

1) 97 823 Std. = ? Jhr., Mon., Tg. u. Std.
2) 108 416 „ =
3) 173 651 „ =
4) 249 326 „ =
5) 886 420 „ =
6) 367 342 „ =

7) 7 643 812 Min. = ? Jhr., Mon., Tg., Std. u. Min.
8) 6 048 174 „ =
9) 8 242 513 „ =
10) 9 600 428 „ =
11) 896 717 „ =
12) 1 804 206 „ =

13) 49 825 Stck. = ? Grs., Dtz. u. Stck.
14) 49 825 Stck. = ? Schck. u. Stck.
15) 250 340 Min. = ? Tg., Std., u. Min.
16) 458 236 Std. = ? Jhr., Mon., Tg. u. Std.
17) 982 456 Stck. = ? Grs., Dtz. u. Stck.
18) 670 300 Tg. = ? Jhr., Mon. u. Tg.

19) 570 200 Stck. = ? Schck., Mdl. u. Stck.
20) 500 000 Min. = ? Tg., Std. u. Min.
21) 358 956 Stck. = ? Grs. u. Stck.
22) 829 404 Stck. = ? Schck. u. Stck.
23) 700 800 Tg. = ? Jhr., Mon. u. Tg.
24) 246 804 Std. = ? Mon., Tg. u. Std.

25) 280 406 Stck. = ? Grs., Dtz. u. Stck.
26) 428 367 Min. = ? Tg., Std. u. Min.
27) 706 800 Stck. = ? Schck., Mdl. u. Stck.
28) 948 261 Std. = ? Mon., Tg. u. Std.
29) 1 460 840 Std. = ? Jhr., Tg. u. Std.
30) 2 735 452 Tg. = ? Jhr., Mon. u. Tg.

FSC
www.fsc.org
MIX
Papier | Fördert gute Waldnutzung
FSC® C083411

Kolibri 360 GmbH
Ferdinand-Jühlke-Straße 7
99095 Erfurt, Deutschland
produktsicherheit@kolibri360.de